科学奥妙无穷
U0597129
环保大揭秘
HUANBAODAJIEMI
魏星 编著
北方妇女儿童出版社

魅力株洲
绿色出行
动力之都
绿色出行
Energy

目录

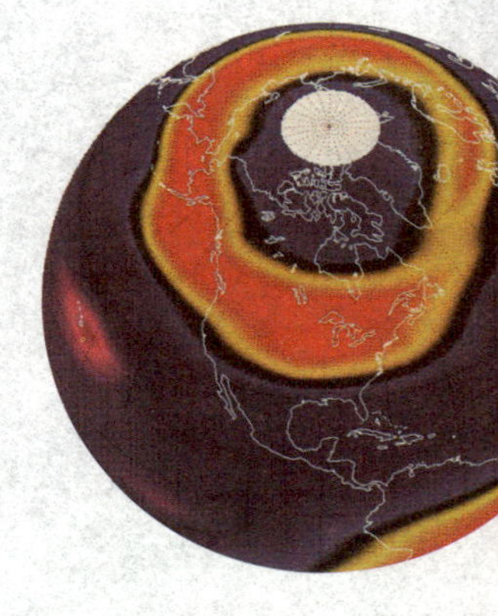

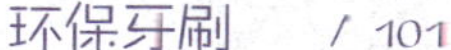

目录

至今，各种环保节能的政策及措施都已成为我们耳熟能详的文明生活发展趋势，然而我们对其真正深入了解认识了吗？我们的日常工作和生活中是否真正做到了呢？是不是还是一副听的时候专心，过后说起开心，做的时候不用心呢？节能环保并不是我们多喊几句口号就可以实现的，它需要我们真正从实际生活中去改善，去实践，从身边的每一件事情开始做起。

环保百科

保护环境 珍爱生命 >

环境保护方式包括：采取行政、法律、经济、科学技术、民间自发环保组织等方式，合理地利用自然资源，防止环境的污染和破坏，以求自然环境同人文环境、经济环境共同平衡可持续发展，扩大有用资源的再生产，保证社会的发展。环境保护（environmental protection）涉及的范围广、综合性强，它涉及自然科学和社会科学的许多领域，还有其独特的研究对象。

• 自然环境

为了防止自然环境的恶化，实施对青山、绿水、蓝天、大海的保护。这里就涉及了不能私采（矿）滥伐（树）、不能或尽量减少乱排（污水）乱放（污气）、不能过度放牧、不能过度开荒、不能过度开发自然资源、不能破坏自然界的生态平衡等等。这个层面属于宏观的，主要依靠各级政府行使自己的职能、进行调控才能够解决。对自然的保护要做到人人有责。

• 地球生物

包括物种的保全，植物植被的养护，动物的回归，维护生物多样性，转基因的合理、慎用，濒临灭绝生物的特殊保护，濒危物种的恢复，栖息地的扩大，人类与生物的和谐共处，不欺负其他物种等等。

• 人类生活环境

使环境更适合人类工作和劳动的需要。这就涉及人们的衣、食、住、行、玩的方方面面，都要符合科学、卫生、健康、绿色的要求。这个层面属于微观的，既要靠公民的自觉行动，又要靠政府的政策法规做保证，依靠社区的组织教育来引导，要工学兵商各行各业齐抓共管才能解决。地球上每一个人都有权利保护地球，也有权利享有地球上的一切，海洋、高山、森林这些都是自然，也是每一个人应该去爱护的。

环保新概念 >

地球环境的恶化引起了人们的广泛关注，于是，环境保护日渐得到了各国的重视。环境保护在一定程度上与经济发展、社会问题有着比较难协调的冲突，因此，对于环境保护概念的理解也日趋新颖和合理。

环境保护就是通过采取行政的、法律的、经济的、科学技术等多方面的措施，保护人类生存的环境不受污染和破坏；还要依据人类的意愿，保护和改善环境，使它更好地适合于人类劳动和生活以及自然界中生物的生存，消除那些破坏环境并危及人类生活和生存的不利因素。环境保护所要解决的问题大致包括两个方面的内容，一是保护和改善环境质量，保护人类身心的健康，防止机体在环境的影响下变异和退化；二是合理利用自然资源，减少或消除有害物质进入环境，以及保护自然资源（包括生物资源）的恢复和扩大再生产，以利于人类生命活动。

当然，环境保护还必须考虑经济的

增长和社会的发展。只有互相之间协调发展，才是新时代的环境保护新概念。

环境保护工作的好坏直接与国家的安定有关，对保障社会劳动力再生产免遭破坏有着重要的意义。

随着人类对环境认识的深入，环境是资源的观点，越来越为人们所接受。空气、水、土壤、矿产资源等，都是社会的自然财富和发展生产的物质基础，构成了生产力的要素。由于空气污染严重，国外曾有空气罐头出售；由于水体污染、气候变化、地下水抽取过度，世界许多地方出现水荒；由于人口猛增、滥用耕地、土地沙漠化，使得土地匮乏等等。由此我们可以看到，不保护环境，不保护环境资源，就会威胁到人类社会的生存，也会危及国民经济的可持续发展。

环境成本 〉

环境成本又称环境降级成本，是指由于经济活动造成环境污染而使环境服务功能质量下降的代价。环境降级成本分为环境保护支出和环境退化成本。环境保护支出指为保护环境而实际支付的价值；环境退化成本指环境污染损失的价值和为保护环境应该支付的价值。自然环境主要提供生存空间和生态效能，具有长期、多次使用的特征，也类似于固定资产使用特征。这样，由经济活动的污染造成环境质量下降的代价即环境降级成本，也就具有“固定资产折旧”的性质。

绿色出行
低碳生活

20世纪震惊世界的环境“八大公害”事件

20世纪30-60年代，震惊世界的环境污染事件频繁发生，使众多人群非正常死亡、残疾、患病。其中最严重的有八起污染事件，人们称之为八大公害事件：

• 比利时马斯河谷烟雾事件

1930年12月1日-5日，比利时的马斯河谷工业区，外排的工业有害废气（主要是二氧化硫）和粉尘对人体健康造成了综合影响，其中毒症状为咳嗽、流泪、恶心、呕吐。一周内，有几千人发病，近60人死亡，市民中心脏病、肺病患者的死亡率也大大增高。

• 美国洛杉矶烟雾事件

1943年5-10月，美国洛杉矶市的大量汽车废气产生的光化学烟雾，造成大多数居民眼睛红肿、喉炎、呼吸道疾病恶化等，65岁以上的老人死亡400多人。

• 美国多诺拉事件

1948年10月26日-30日，美国宾夕法尼亚州多诺拉镇大气中的二氧化硫及其他氧化物与大气烟尘共同作用，生成硫酸烟雾，使大气严重污染，4天内42%的居民患病，17人死亡，其中毒症状为咳嗽、呕吐、腹泻、喉痛。

- 英国伦敦烟雾事件

1952 年 12 月 5 日 -8 日，英国伦敦由于冬季燃煤引起的煤烟形成烟雾，导致 5 天内 4000 多人死亡。

- 日本水俣病事件

1953 年 -1968 年，日本熊本县水俣湾，由于人们食用了海湾中含汞污水污染的鱼虾、贝类及其他水生动物，造成近万人患中枢神经疾病，其中甲基汞中毒患者中有 66 人死亡。

- 日本四日市哮喘病事件

1955-1961 年，日本四日市由于石油冶炼和工业燃油产生的废气严重污染大气，引起居民呼吸道疾病剧增，尤其是使哮喘病的发病率大大提高。

- 日本爱知县米糠油事件

1963 年 3 月，在日本爱知县一带，由于对生产米糠油业的管理不善，造成多氯联苯污染物混入米糠油内。人们食用了这种被污染的油之后，酿成了 1.3 万多人中毒、数十万只鸡死亡的严重污染事件。

- 日本富山“痛痛病”事件

1955-1968 年，生活在日本富山平原地区的人们，因为饮用了含镉的河水和食用了含镉的大米及其他含镉的食物，引起“痛痛病”，就诊患者 258 人，死亡 207 人。

污染与治理

水污染

水污染是指水体因某种物质的介入，而导致其化学、物理、生物或者放射性等方面特性的改变，从而影响水的有效利用，危害人体健康或者破坏生态环境，造成水质恶化的现象。水污染主要是由于人类排放的各种外源性物质（包括自然界中原先没有的），进入水体后，超出了水体本身自净作用（就是江河湖海可以通过各种物理、化学、生物方法来消除外源性物质）所能承受的范围，而造成的后果。

• 分类方法

废水从不同角度有不同的分类方法。据不同来源分为生活废水和工业废水两大类；据污染物的化学类别又可分无机废水与有机废水；也有按工业部门或产生废水的生产工艺分类的，如焦化废水、冶金废水、制药废水、食品废水等。

污染物主要有：(1) 未经处理而排放的工业废水；(2) 未经处理而排放的生活污水；(3) 大量使用化肥、农药、除草剂而造成的农田污水；(4) 堆放在河边的工业废弃物和生活垃圾；(5) 森林砍伐，水土流失；(6) 因过度开采，产生矿山污水。

• 主污染源

水污染主要由人类活动产生的污染物造成，它包括工业污染源，农业污染源和生活污染源三大部分。

工业废水是水域的重要污染源，具有量大、面积广、成分复杂、毒性大、不易净化、难处理等特点。据 1998 年中国水资源公报资料显示：这一年，全国废水排放总量共 539 亿吨（不包括火直电流冷却水），其中，工业废水排放量 409 亿吨，占 69%。实际上，排污水量远远超过这个数，因为许多乡镇企业工业污水排放量难以统计。

农业污染源包括牲畜粪便、农药、化肥等。农药污水中，一是有机质、植物营养物及病原微生物含量高，二是农药、化肥含量高。中国目前没开展农业方面的监测，据有关资料显示，在1亿公顷耕地和220万公顷草原上，每年使用农药110.49万吨。中国是世界上水土流失最严重的国家之一，每年表土流失量约50亿吨，致使大量农药、化肥随表土流入江、河、湖、库，随之流失的氮、磷、钾营养元素，使2/3的湖泊受到不同程度富营养化污染的危害，造成藻类以及其他生物异常繁殖，引起水体透明度和溶解氧的变化，从而致使水质恶化。

生活污染源主要是城市生活中使用的各种洗涤剂和污水、垃圾、粪便等，多为无毒的无机盐类，生活污水中含氮、磷、硫多，致病细菌多。据调查，1998年中国生活污水排放量184亿吨。

中国每年约有1/3的工业废水和90%以上的生活污水未经处理就排入水域，全国有监测的1200多条河流中，目前850多条受到污染，90%以上的城市水域也遭到污染，致使许多河段鱼虾绝迹，符合国家一级和二级水质标准的河流仅占32.2%。污染正由浅层向深层发展，地下水和近海域海水也正在受到污染，我们能够饮用和使用的水正在不知不觉地减少。

• 污染危害

日趋加剧的水污染已对人类的生存安全构成重大威胁，成为人类健康、经济和社会可持续发展的重大障碍。据世界权威机构调查，在发展中国家，各类疾病有80%是因为饮用了不卫生的水而传播的，每年因饮用不卫生水至少造成全球2000万人死亡，因此，水污染被称作“世界头号杀手”。

水体污染影响工业生产、增大设备腐蚀、影响产品质量，甚至使生产不能进行下去。水的污染又影响人民生活，破坏生态，直接危害人的健康，损害很大。

• 保护建议

1. 强化对饮用水源取水口的保护：

有关部门要划定水源区，在区内设置告示牌并加强取水口的绿化工作。定期组织人员进行检查。从根本杜绝污染，达到标本兼治的目的。

2. 加大城市污水和工业废水的治理力度：

加快城市污水处理厂的建设，对于改善城市水环境状况有着十分重要的作用。目前随着城市人口的增加和居民生活水平的提高，城市的废水排放量正在不断地增加，而城市污水处理厂却没有相应地增加，这必然会导致水环境质量的下降。因此建设更多的污水处理厂是迫在眉睫的事。

3. 加强公民的环保意识：

改善环境不仅要对其进行治理，更重要的是通过各方面的宣传来增强居民的环保意识。居民的环保意识增强了，破坏环境的行为就自然减少了。

4. 实现废水资源化利用：

随着经济的发展，工业的废水排放量还要增加，如果只重视末端治理，很难达到改善目前水污染状况目的，所以我们要实现废水资源化利用。

5. 家用水的净化：

过滤—沉淀（明矾）—用活性炭除异味，去颜色—消毒（氯气，漂白粉）。在自来水管传递过程中有可能出现二次污染，所以饮用时要煮沸杀菌，而且还要用干净

的杯子。

另：有条件的家庭可以安装家用健康饮水机。

6. 强化青少年保护水资源意识：

对于青少年，普遍的家庭并不太注重保护水资源的教育。教育要从小做起，养成保护水资源的意识，毕竟“教育要从娃娃抓起”。加强对青少年保护水资源的教育，拍宣传片、做宣传活动，让中国未来的每一朵花都有节约的好品德、保护水资源。以后，大量污染水资源问题就会渐渐减小。

7. 少量创建填埋场：

可少量创建填埋场，让废水废气都能够经过处理，再排放至河流。由于填埋场占地面积大，浪费土地资源，所以应少量创建。

噪声污染 〉

噪声是发声体做无规则运动时发出的声音，声音由物体振动引起，以波的形式在一定的介质（如固体、液体、气体）中进行传播，通常所说的噪声污染是指人为造成的。从生理学观点来看，凡是干扰人们休息、学习和工作的声音，即不需要的声音，统称为噪声。当噪声对人及周围环境造成不良影响时，就形成噪声污染。产业革命以来，各种机械设备的创造和使用，给人类带来了繁荣和进步，但同时也产生了越来越多而且越来越强的噪声。

• 主要来源

交通噪声：包括机动车辆、船舶、地铁、火车、飞机等的噪声。由于机动车辆数目的迅速增加，使得交通噪声成为城市的主要噪声源。

工业噪声：工厂的各种设备产生的噪声。工业噪声的声级一般较高，对工人及周围居民带来较大的影响。

建筑噪声：主要来源于建筑机械发出的噪声。建筑噪声的特点是强度较大，且多发生在人口密集地区，因此严重影响居民的休息与生活。

社会噪声：包括人们的社会活动和家用电器、音响设备发出的噪声。这些设备的噪声级虽然不高，但由于和人们的日常生活联系密切，使人们在休息时得不到安静，让人尤为烦恼，极易引起邻里纠纷。

• 噪声分类

噪声污染按声源的机械特点可分为：气体扰动产生的噪声、固体振动产生的噪声、液体撞击产生的噪声以及电磁作用产生的电磁噪声。噪声按声音的频率可分为：<400Hz 的低频噪声、400–1000Hz 的中频噪声及 >1000Hz 的高频噪声。

噪声特性

噪声既然是一种公害，它就具有公害的特性，同时它作为声音的一种，也具有声学特性。

噪声的公害特性

由于噪声属于感觉公害，所以它与其他有害有毒物质引起的公害不同。首先，它没有污染物，即噪声在空中传播时并未给周围环境留下什么毒害性的物质；其次，噪声对环境的影响不积累、不持久，传播的距离也有限；噪声声源分散，而且一旦声源停止发声，噪声也就消失。因此，噪声不能集中处理，需用特殊的方法进行控制。

噪声的声学特性

简单地说，噪声就是声音，它具有一切声学的特性和规律。但是噪声对环境的影响和它的强弱有关，噪声愈强，影响愈大。衡量噪声强弱的物理量是噪声级。

• 控制方法

为减低噪声对四周环境和人类的影响，主要噪声控制方式为：对噪声源、噪声的传播路径及接收者三者进行隔离或防护，将噪声的能量做阻绝或吸收。例如噪声源（马达）加装防震的弹簧或橡胶，吸收振动，或者包覆整个马达。传播的路径一般都是使用隔音墙阻绝噪声的传播。而针对接收者的防护，一般是隔音窗、耳塞等。

而世界各国政府通常也有相应的法律或规定以管制过量的噪声。

• 噪声污染的危害

噪声污染对人、动物、仪器仪表以及建筑物均构成危害，其危害程度主要取决于噪声的频率、强度及暴露时间。噪声危害主要包括：

• 噪声对听力的损伤

噪声对人体最直接的危害是听力损伤。人们在进入强噪声环境时，暴露一段时间，会感到双耳难受，甚至会出现头痛等感觉。离开噪声环境到安静的场所休息一段时间，听力就会逐渐恢复正常。这种现象叫暂时性听阈偏移，又称听觉疲劳。但是，如果人们长期在强噪声环境下工作，听觉疲劳不能得到及时恢复，内耳器官会发生器质性病变，即形成永久性听阈偏移，又称噪声性耳聋。若人突然暴露于极其强烈的噪声环境中，听觉器官会发生急剧外伤，引起鼓膜破裂出血，迷路出血，螺旋器从基底膜急性剥离，可能使人耳完全失去听力，即出现暴震性耳聋。

如果长年无防护地在较强的噪声环境中工作，在离开噪声环境后听觉敏感性的恢复就会延长，经数小时或十几小时，听力可以恢复。这种可以恢复听力的损失称为听觉疲劳。随着听觉疲劳的加重会造成听觉机能恢复不全。因此，预防噪声性耳聋首先要防止疲劳的发生。一般情况下，85 分贝以下的噪声不至于危害听觉，而 85 分贝以上则可能发生危险。统计表明，长期工作在 90 分贝以上的噪声环境中，耳聋发病率明显增加。

• 噪声能诱发多种疾病

因为噪声通过听觉器官作用于大脑中枢神经系统，以致影响到全身各个器官，故噪声除对人的听力造成损伤外，还会给人体其他系统带来危害。由于噪声的作用，会产生头痛、脑涨、耳鸣、失眠、全身疲乏无力以及记忆力减退等神经衰弱症状。长期在高噪声环境下工作的人与低噪声环境下的情况相比，高血压、动脉硬化和冠心病的发病率要高 2 ~ 3 倍。可见噪声会导致心血管系统疾病。噪声也可导致消化系统功能紊乱，引起消化不良、食欲不振、恶心呕吐，使肠胃病和溃疡病发病率升高。此外，噪声对视觉器官、内分泌机能及胎儿的正常发育等方面也会产生一定影响。在高噪声中工作和生活的人们，一般健康水平逐年下降，对疾病的抵抗力减弱，诱发一些疾病，但也和个人的体质因素有关，不可一概而论。

• 对生活工作的干扰

噪声对人的睡眠影响极大，人即使在睡眠中，听觉也要承受噪声的刺激。噪声会导致多梦、易惊醒、睡眠质量下降等，突然的噪声对睡眠的影响更为突出。噪声会干扰人的谈话、工作和学习。实验表明，当人受到突然而至的噪声一次干扰，就要丧失 4 秒钟的思想集中。据统计，噪声会使劳动生产率降低 10% ~ 50%，随着噪声的增加，差错率上升。由此可见，噪声会分散人的注意力，导致反应迟钝，容易疲劳，工作效率下降，差错率上升。噪声还会掩蔽安全信号，如报警信号和车辆行驶信号等，以致造成事故。

研究结果表明：连续噪声可以加快熟睡到轻睡的回转，使人多梦，并使熟睡的时间缩短；突然的噪声可以使人惊醒。一般来说，40 分贝连续噪声可使 10% 的人受到影响；70 分贝可影响 50%；而突发的噪声在 40 分贝时，可使 10% 的人惊醒，到 60 分贝时，可使 70% 的人惊醒。长期干扰睡眠会造成失眠、疲劳无力、记忆力衰退，以至产生神经衰弱症候群等。在高噪声环境里，这种病的发病率可达 50% ~ 60% 以上。

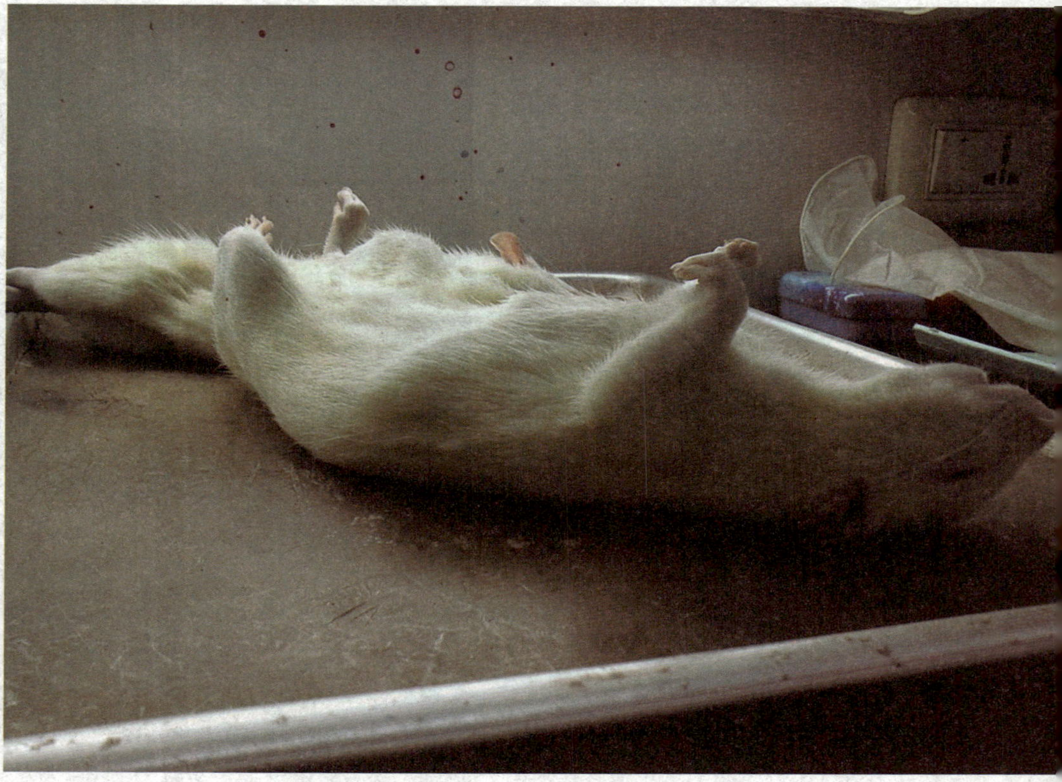

• 对动物的影响

噪声能对动物的听觉器官、视觉器官、内脏器官及中枢神经系统造成病理性变化。噪声对动物的行为有一定的影响，可使动物失去行为控制能力，出现烦躁不安、失去常态等现象，强噪声会引起动物死亡。鸟类在噪声中会出现羽毛脱落，影响产卵率等。

实验证明，动物在噪声场中会失去行为控制能力，不但烦躁不安而且失去常态。如在 165 分贝噪声场中，大白鼠会疯狂蹿跳、互相撕咬和抽搐，然后就僵直地躺倒。

声致痉挛是声刺激在动物体（特别是啮齿类动物体）上诱发的一种生理－肌肉的失调现象，是声音引起的生理性癫痫。它与人类的癫痫和可能伴随发生的各种病征有类似之处。

动物暴露在 150 分贝以上的低频噪声场中，会引起眼部振动，造成视觉模糊。

大量实验表明，强噪声场能引起动物死亡。噪声声压级越高，使动物死亡的时间越短。例如，170 分贝噪声大约 6 分钟就可能使半数受试的豚鼠致死。对于豚鼠，噪声声压级增加 3 分贝，半数致死时间相应减少一半。

• 特强噪声对仪器设备和建筑结构的危害

实验研究表明，特强噪声会损伤仪器设备，甚至使仪器设备失效。噪声对仪器设备的影响与噪声强度、频率以及仪器设备本身的结构与安装方式等因素有关。当噪声级超过 150 分贝时，会严重损坏电阻、电容、晶体管等元件。当特强噪声作用于火箭、宇航器等机械结构时，由于受声频交变负载的反复作用，会使材料产生疲劳现象而断裂，这种现象叫作声疲劳。

噪声对建筑物的影响，超过 140 分贝时，对轻型建筑开始有破坏作用。如，当超音速飞机在低空掠过时，在飞机头部和尾部会产生压力和密度突变，经地面反射后形成 N 形冲击波，传到地面时听起来像爆炸声，这种特殊的噪声叫作轰声。在轰声的作用下，建筑物会受到不同程度的破坏，如出现门窗损伤、玻璃破碎、墙壁开裂、抹灰震落、烟囱倒塌等现象。由于轰声衰减较慢，因此传播较远，影响范围较广。此外，在建筑物附近使用空气锤、打桩或爆破，也会导致建筑物的损伤。

• 防治噪声

为了防止噪音，我国著名声学家马大猷教授曾总结和研究了国内外现有各类噪音的危害和标准，提出了3条建议：

（1）为了保护人们的听力和身体健康，噪音的允许值在75～90分贝。

（2）保障交谈和通讯联络，环境噪音的允许值在45～60分贝。

（3）对于睡眠时间建议在35～50分贝。

在建筑物中，为了减小噪声而采取的措施主要是隔声和吸声。

噪音控制的内容包括：

（1）降低声源噪音，工业、交通运输业可以选用低噪音的生产设备和改进生产工艺，或者改变噪音源的运动方式（如用阻尼、隔振等措施降低固体发声体的振动）。

（2）在传音途径上降低噪音，控制噪音的传播，改变声源已经发出的噪音传播途径，如采用吸音、隔音、音屏障、隔振等措施，以及合理规划城市和建筑布局等。

（3）受音者或受音器官的噪音防护，在声源和传播途径上无法采取措施，或采取的声学措施仍不能达到预期效果时，就需要对受音者或受音器官采取防护措施，如长期职业性噪音暴露的工人可以戴耳塞、耳罩或头盔等护耳器。

• 噪音利用

虽然噪音是世界四大公害之一，但它还是有用处的：

噪声除草。科学家发现，不同的植物对不同的噪声敏感程度不一样。根据这个道理，人们制造出噪声除草器。这种噪声除草器发出的噪声能使杂草的种子提前萌发，这样就可以在作物生长之前用药物除掉杂草，用“欲擒故纵”的妙策，保证作物的顺利生长。

噪声诊病。美妙、悦耳的音乐能治病，这已为大家所熟知。但噪声怎么能用于诊病呢？科学家制成一种激光听力诊断装置，它由光源、噪声发生器和电脑测试器三部分组成。使用时，它先由微型噪声发生器产生微弱短促的噪声，振动耳膜，然后微型电脑就会根据回声把耳膜功能的数据显示出来，供医生诊断。它测试迅速，不会损伤耳膜，没有痛感，特别适合儿童使用。此外，还可以用噪声测温法来探测人体的病灶。

分贝标准

以声压倒对数式作为表达单位，即用声压级来表达声量的大小。声压级的单位为分贝：

10 ~ 20 分贝几乎感觉不到。

20 ~ 40 分贝相当于轻声说话。

40 ~ 60 分贝相当于室内谈话。

60 ~ 70 分贝有损神经。

70 ~ 90 分贝很吵。长期在这种环境下学习和生活，会使人的神经细胞逐渐受到破坏。

90 ~ 100 分贝会使听力受损。

100 ~ 120 分贝使人难以忍受，几分钟就可暂时致聋。

一般声音在 30 分贝左右时，不会影响正常的生活和休息。而达到 50 分贝以上时，人们有较大的感觉，很难入睡。一般声音达到 80 分贝或以上就会被判定为噪声。

我们日常生活中所听到的声音，其声压级在 0 ~ 140 分贝左右。噪声的强度也是用声压级来表示的。正常人的听觉所能感到的最小声级为 1 分贝。轻声耳语约为 30 分贝。相距 1 米左右的会话语言约为 60 分贝。公共汽车中约为 80 分贝。重型载重车、织布车间、地铁内噪声约为 100 分贝。

空气污染

空气污染（又称为大气污染），按照国际标准化组织（ISO）的定义，“空气污染（大气污染）通常系指由于人类活动或自然过程引起某些物质进入大气中，呈现出足够的浓度，达到足够的时间，并因此危害了人体的舒适、健康和福利或环境的现象”。

• 主要大气污染源

大气污染源就是大气污染物的来源，主要有以下几个：

工业：工业生产是大气污染的一个重要来源。工业生产排放到大气中的污染物种类繁多，有烟尘、硫的氧化物、氮的氧化物、有机化合物、卤化物、碳化合物等。其中有的是烟尘，有的是气体。

生活炉灶与采暖锅炉：城市中大量民用生活炉灶和采暖锅炉需要消耗大量煤炭，煤炭在燃烧过程中要释放大量的灰尘、二氧化硫、一氧化碳等有害物质污染大气。特别是在冬季采暖时，往往使污染地区烟雾弥漫，呛得人咳嗽，这也是一种不容忽视的污染源。

交通运输：汽车、火车、飞机、轮船是当代的主要运输工具，它们烧煤或石油产生的废气也是重要的污染物。特别是城市中的汽车，量大而集中，尾气所排放的污染物能直接侵袭人的呼吸器官，对城市的空气污染很严重，成为大城市空气的主要污染源之一。汽车排放的废气主要有一氧化碳、二氧化硫、氮氧化物和碳氢化合物等，前 3 种物质危害性很大。

森林火灾产生的烟雾。

• 大气污染物的类型

大气污染的类型很多，已经发现有危害的达 100 多种，大气污染物根据化学物理性质的不同可分为：

还原型污染：常发生在以使用煤炭和石油为主的地区，主要污染物有二氧化硫、一氧化碳和颗粒物。

氧化型污染：汽车尾气污染及其产生的光化学污染。

石油型污染：主要来自于汽车排放、石油冶炼及石油化工厂的排放，包括二氧化氮、烯烃、链烷、醇等。

其他特殊污染：主要是从各类工业企业排出的各种化学物质。

• 大气污染的危害

大气污染的危害主要有以下几个方面

• 危害人体

人需要呼吸空气以维持生命。一个成年人每天呼吸2万多次，吸入空气达15-20立方米。因此，被污染了的空气对人体健康有直接的影响。

大气污染物对人体的危害是多方面的，主要表现是呼吸道疾病与生理机能障碍，以及眼鼻等黏膜组织受到刺激而患病。

比如，1952年12月5-8日英国伦敦发生的煤烟雾事件死亡4000多人。人们把煤烟雾事件这个灾难的烟雾称为“杀人的烟雾”。据分析，这是因为那几天伦敦无风有雾，工厂烟囱和居民取暖排出的废气烟尘弥漫在伦敦市区经久不散，烟尘最高浓度达4.46mg/m³，二氧化硫的日平均浓度竟达到3.83ml/m³。二氧化硫经过某种化学反应，生成硫酸液附着在烟尘上或凝聚在雾滴上，随呼吸进入器官，使人发病或加速慢性病患者的死亡。这也就是所谓的光化学污染。

由上例可知，大气中污染物的浓度很高时会造成急性污染中毒，或使病状恶化，甚至在几天内夺去几千人的生命。其实，即使大气中污染物浓度不高，但人体成年累月呼吸这种污染了的空气，也会引起慢性支气管炎、支气管哮喘、肺气肿及肺癌等疾病。

- **对植物的危害**

大气污染物，尤其是二氧化硫、氟化物等对植物的危害是十分严重的。当污染物浓度很高时，会对植物产生急性危害，使植物叶表面产生伤斑，或者直接使叶枯萎脱落；当污染物浓度不高时，会对植物产生慢性危害，使植物叶片褪绿，或者表面上看不见什么危害症状，但植物的生理机能已受到了影响，造成植物产量下降，品质变坏。

- **影响气候**

大气污染物对天气和气候的影响是十分显著的，可以从以下几个方面加以说明：

①减少到达地面的太阳辐射量：从工厂、发电站、汽车、家庭取暖设备向大气中排放的大量烟尘微粒，使空气变得非常浑浊，遮挡了阳光，使得到达地面的太阳辐射量减少。据观测统计，在大工业城市烟雾不散的日子里，太阳光直接照射到地面的量比没有烟雾的日子减少近40%。大气污染严重的城市，天天如此，就会导致人和动植物因缺乏阳光而生长发育不好。

②增加大气降水量：从大工业城市排出来的微粒，其中有很多具有水汽凝结核的作用。因此，当大气中有其他一些降水条件与之配合的时候，就会出现降水天气。在大工业城市的下风地区，降水量更多。

③下酸雨：有时候，从天空落下的雨水中含有硫酸。这种酸雨是大气中的污染物二氧化硫经过氧化形成硫酸，随自然界的降水下落形成的。硫酸雨能使大片森林和农作物毁坏，能使纸品、纺织品、皮革制品等腐蚀破碎，能使金属的防锈涂料变质而降低保护作用，还会腐蚀、污染建筑物。

• 防护措施

减少雾霾天气外出。根据相关解释，Ozone为臭氧，而PM2.5指的是直径为2.5微米以下的细颗粒悬浮物，也叫可入肺颗粒物，这种悬浮颗粒是空气中的“健康杀手”。对呼吸系统、心脏及血液系统等造成广泛的损伤。

出门戴口罩。口罩材质、使用寿命、技术水平等因素是界定口罩质量高低的标准，消费者如无特殊需要，不必抢购标有各种功效的“概念口罩”。

注意清洁。深层清洁毛孔的灰尘、细菌，保护人体防护的第一道防线——皮肤。

细颗粒物

细颗粒物造成雾霾天气严重。细颗粒物又称细粒、细颗粒。大气中粒径小于或等于2μm（有时用小于2.5μm，即PM2.5）的颗粒物。虽然细颗粒物只是地球大气成分中含量很少的组分，但它对空气质量和能见度等有重要的影响。细颗粒物粒径小，含有大量的有毒、有害物质且在大气中的停留时间长、输送距离远，因而对人体健康和大气环境质量的影响更大。2012年2月，国务院同意发布新修订的《环境空气质量标准》，增加了细颗粒物监测指标。2013年2月28日，全国科学技术名词审定委员会称PM2.5拟正式命名为“细颗粒物”。

• 污染防治

防治空气污染是一个庞大的系统工程，需要个人、集体、国家乃至全球各国的共同努力，可考虑采取如下几方面措施：

• 减少污染排放量

改革能源结构，多采用无污染能源（如太阳能、风能、水力发电）和低污染能源（如天然气），对燃料进行预处理（如烧煤前先进行脱硫），改进燃烧技术等均可减少排污量。另外，在污染物未进入大气之前，使用除尘消烟技术、冷凝技术、液体吸收技术、回收处理技术等消除废气中的部分污染物，可减少进入大气的污染物数量。

• 自净能力

气象条件不同，大气对污染物的容量便不同，排入同样数量的污染物造成的污染物浓度便不同。对于风力大、通风好、湍流盛、对流强的地区和时段，大气扩散稀释能力强，可接受较多厂矿企业活动。逆温的地区和时段，大气扩散稀释能力弱，便不能接受较多的污染物，否则会造成严重大气污染。因此应对不同地区、不同时段进行排放量的有效控制。

• 工业区

厂址选择、烟囱设计、城区与工业区规划等要合理，不要排放大气过度集中，不要造成重复叠加污染，形成局部地区严重污染事件发生。

• 绿化造林

茂密的丛林能降低风速，使空气中携带的大粒灰尘下降。树叶表面粗糙不平，有的有绒毛，有的能分泌黏液和油脂，因此能吸附大量飘尘。蒙尘的叶子经雨水冲洗后，能继续吸附飘尘。如此往复拦阻和吸附尘埃，能使空气得到净化。

• 改变燃料构成

实行由煤向燃气的转换。同时，加紧研究和开辟其他新型的能源，如太阳能、氢燃料、地热等，这样也可以大大减轻烟尘的污染。

• 从自己做起

不要乱扔废弃物；出行尽量乘坐公交车、地铁，减少私家车使用；多参加植树等绿化活动；私家车安装尾气处理装置，使用润滑油使燃油充分燃烧，减少有害气体排放。完美的城市是人人的责任。

固体废物污染

固体废物按来源大致可分为生活垃圾、一般工业固体废物和危险废物3种。此外，还有农业固体废物、建筑废料及弃土。固体废物如不加妥善收集、利用和处理处置将会污染大气、水体和土壤，危害人体健康。

生活垃圾是指在人们日常生活中产生的废物，包括食物残渣、纸屑、灰土、包装物、废品等。一般工业固体废物包括粉煤灰、冶炼废渣、炉渣、尾矿、工业水处理污泥、煤矸石及工业粉尘。危险废物是指易燃、易爆、腐蚀性、传染性、放射性等有毒有害废物，除固态废物外，半固态、液态危险废物在环境管理中通常也划入危险废物一类进行管理。

固体废物具有两重性，也就是说，在一定时间、地点，某些物品对用户不再有用或暂不需要而被丢弃，成为废物；但对另一些用户或者在某种特定条件下，废物可能成为有用的甚至是必要的原料。固体废物污染防治正是利用这一特点，力求使固体废物减量化、资源化、无害化。对那些不可避免地产生和无法利用的固体废物需要进行处理处置。

固体废物还有来源广、种类多、数量大、成分复杂的特点。因此防治工作的重点是按废物的不同特性分类收集运输和贮存，然后进行合理利用和处理处置，减少环境污染，尽量变废为宝。

• 固体废物的危害

• 对土壤

固体废物长期露天堆放，其有害成分在地表径流和雨水的淋溶、渗透作用下通过土壤孔隙向四周和纵深的土壤迁移。在迁移过程中，有害成分要经受土壤的吸附和其他固体废物污染用。通常，由于土壤的吸附能力和吸附容量很大，随着渗滤水的迁移，使有害成分在土壤固相中呈现不同程度的积累，导致土壤成分和结构的改变，植物又是生长在土壤中，间接又对植物产生了污染，有些土地甚至无法耕种。

例如，德国某冶金厂附近的土壤被有色冶炼废渣污染，土壤上生长的植物体内含锌量为一般植物的 26 ~ 80 倍，铅为 80 ~ 260 倍，铜为 30 ~ 50 倍，如果人吃了这样的植物，则会引起许多疾病。

• 对大气

废物中的细粒、粉末随风扬散；在废物运输及处理过程中缺少相应的防护和净化设施，释放有害气体和粉尘；堆放和填埋的废物以及渗入土壤的废物，经挥发和反应放出有害气体，都会污染大气并使大气质量下降。例如：焚烧炉运行时会排出颗粒物、酸性气体、未燃尽的废物、重金属与微量有机化合物等。石油化工厂油渣露天堆置，则会有一定数量的多环芳烃生成且挥发进入大气中。填埋在地下的有机废物分解会产生二氧化碳、甲烷（填埋场气体）等气体进入大气中，如果任其聚集会发生危险，如引发火灾，甚至发生爆炸。例如，美国旧金山南 40 英里处的山景市将海岸圆形剧场建在该城旧垃圾掩埋场上。在 1986 年 10 月的一次演唱会中，一名观众用打火机点烟，结果一道 5 英尺长的火焰冲向天空，烧着了附近一位女士的头发，险些酿成火灾。这正是从掩埋场冒出的甲烷气把打火机的星星火苗转变为熊熊大火。

• 对水体

如果将有害废物直接排入江、河、湖、海等地，或是露天堆放的废物被地表径流携带进入水体，或是飘入空中的细小颗粒，通过降雨的冲洗沉积和凝雨沉积以及重力沉降和干沉积而落入地表水系，水体都可溶解出有害成分，毒害生物，造成水体严重缺氧，富营养化，导致鱼类死亡等。

有些未经处理的垃圾填埋场，或是垃

圾箱，经雨水的淋滤作用，或废物的生化降解产生的沥滤液，含有高浓度悬浮固态物和各种有机与无机成分。如果这种沥滤液进入地下水或浅蓄水层，问题就变得难以控制。其稀释与清除地下水中的沥滤液比地表水要慢许多，它可以使地下水在不久的将来变得不能饮用，而使一个地区变得不能居住。最著名的例子是美国的洛维运河，起初在该地有大量居民居住，后来居住在这一废物处理场附近的居民因健康受到了影响而纷纷逃离此地，此地变得毫无生气。

现在，某些先进国家将工业废物、污泥与挖掘泥沙在海洋进行处置，这对海洋环境引起各种不良影响。有些在海洋倾倒废物的地区已出现了生态体系的破坏，如固定栖息的动物群体数量减少。来自污泥中过量的碳与营养物可能会导致海洋浮游生物大量繁殖、富营养化和缺氧。微生物群落的变化，会影响以微生物群落为食的鱼类的数量减少。从污泥中释放出来的病原体、工业废物释放出的有毒物对海洋中的生物有致毒作用，这些有毒物再经生物积累可以转移到人体中，并最终影响人类健康。

倾入海洋里的塑料对海洋环境危害很大，因为它对海洋生物是最为有害的。海洋哺乳动物、鱼、海鸟以及海龟都会受到撒入海里的废弃渔网缠绕的危险，有时像幽灵似的捕杀鱼类，如果潜水员被缠住，就会有生命危险。抛弃的渔网也会危害船只，例如：缠绕推进器，造成事故。塑料

袋与包装袋也能缠住海洋哺乳动物和鱼类，当动物长大后会缠得更紧，限制它们的活动、呼吸与捕食。饮料桶上的塑料圈对鸟类、小鱼会造成同样的危害。海龟、哺乳动物和鸟类也会因吞食塑料盒、塑料膜、包装袋等而窒息死亡。最新研究发现，经检验海鸟食道中，有25%含有塑料微粒。此外，塑料也是一种激素类物质，它破坏了生物的繁殖能力等。

- **对人体**

生活在环境中的人，以大气、水、土壤为媒介，可以将环境中的有害废物直接由呼吸道、消化道或皮肤摄入人体，使人致病。一个典型例子就是美国的腊芙运河（LoveCanal）污染事件。20世纪40年代，美国一家化学公司利用腊芙运河停挖废弃的河谷，来填埋生产有机氯农药、塑料等残余有害废物 2×10^4 吨。掩埋10余年后在该地区陆续发生了一些如井水变臭、婴儿畸形、人患怪病等现象。经化验分析研究当地空气、用作水源的地下水和土壤中都含有六六六、三氯苯、三氯乙烯、二氯苯酚等82种有毒化学物质，其中列在美国环保局优先污染清单上的就有27种，被怀疑是人类致癌物质的多达11种。许多住宅的地下室和周围庭院里渗进了有毒化学浸出液，于是迫使总统在1978年8月宣布该地区处于“卫生紧急状态”，先后两次近千户居民被迫搬迁，造成了极大的社会问题和经济损失。

化学污染

化学污染是指由于化学物质（化学品）进入环境后造成的环境污染。即因化学污染物引起的环境污染。这些化学物质有有机物和无机物，它们大多是由人类活动或人工制造的产品，也有二次污染物。

由于化学有机污染物的慢性长期摄入造成的潜在食源性危害已成为人们关注焦点，包括农药残留、兽药残留、霉菌毒素、食品加工过程中形成的某些致癌和致突变物（如亚硝胺等）以及工业污染物，如人们所熟知的二噁英等。

• 化学污染的危害

全球已合成各种化学物质1000万种，每年新登记注册投放市场的约1000种。我国能合成的化学品3.7万种。这些化学品在推动会进步、提高生产力、消灭虫害、减少疾病、方便人民生活方面发挥了巨大作用，但在生产、运输、使用、废弃过程中不免进入环境而引起污染。

人们最为关注的是那些对生物有急慢性毒性、易挥发、在环境中难降解、高残留、通过食物链危害身体健康的化学品，它们对动物和人体有致癌、致畸、致突变的危害。这些危害主要表现在：

一是环境激素类损害。国际上对环境激素研究很活跃。研究筛出大约有70种这类化学品（如二噁英等）。欧、日、美等20个国家的调查表明近50年男子的精子数量减少50%，活力下降，就是由于这些有害化学品进入人体干扰了雄性激素的分泌，导致雄性退化。

二是致癌、致畸、致突变化学品类损害。研究表明，有140多种化学品对动物有致癌作用，确认对人的致癌物和可疑致癌物有40多种。人类患肿瘤病例的80%～85%与化学致癌物污染有关。致畸、致突变化学品污染物就更多了。

三是有毒化学品突发污染类损害。有毒有害化学品突发污染事故频繁发生，严重威胁人民生命财产安全和社会稳定，有的则造成严重生态灾难。尽管各国政府采取了预防措施，事后采取了补救办法，但也防不胜防。

为了防止危险化学品和农药通过国际贸易可能给一个国家造成危害和灾难，国际上采用事前同意程序公约（即鹿特丹公约）。1999年12月1日已有80个国家签署了这个公约。有毒化学品污染在我国也客观存在，从局部一些调查研究和监测数据看，情况比我们预想的要严重得多。我们应当组织一批科研监测力量开展调查研究，搞清现状，制订有针对性的政策、法规、标准及有计划地进行产业结构调整，开发和推行清洁生产工艺，减少有毒有害化学品污染。

• 化学污染的防治

• 保证水源安全、卫生条件、人员场所的安排

持续提供安全饮用水的保障，是大灾后最重要的一项防病措施。氯化物是可以广泛获得，廉价易用的药品。用它可以有效抑制水中的大多数病原菌。人员安置计划必须能够提供足够的水源，保证卫生条件，以及每个人都需要有满足国际标准最低限的空间。

• 保证基础医疗护理条件

最基本的医疗护理条件对于疾病的预防、早期诊断和常见病治疗是至关重要的。同样重要的是提供进入二级和三级医护设施的渠道。以下一些措施可以减轻传染病的影响。

• 监测/早期预警系统。

尽早发现病例是保证迅速控制的关键。监测 / 早期预警系统应及早建立，以发现疾病的爆发并监控当地重要的流行病。为应对污染引发的疾病爆发，需要有能迅速进行化验采样、储存和运输样本的手段，以便进一步监测研究。比如，如果认为有疾病爆发的危险，则应该准备进行相关化验的套件。

洗消是消除危险化学品灾害事故污染的最有效方法。主要包括对人员的洗消和对事故现场及染毒设备的洗消。参战人员在脱去防护服装前必须进行彻底洗消，对于人员的洗消主要是除污更衣、喷淋洗消、检测更衣，送医院检查，对于洗浴后检测不合格的必须进行二次洗消直到合格为止。对于装备器材的洗消，对于一般染毒器材可以采用把器材集中用高压清洗机冲洗，也可将可拆部件拆开用高压清洗机反复洗消等检测合格后擦拭干净。对忌水的器材可用药棉、干净的布取洗消剂反复擦拭，检测合格后方可离开洗消场。常用的洗消剂主要有以下几种：氧化氯化型消毒剂、漂白粉、三合一（三次氯酸合二轻氧化钙）、氯氨等。

土壤污染 >

土壤污染大致可分为无机污染物和有机污染物两大类。无机污染物主要包括酸、碱、重金属，盐类，放射性元素铯、锶的化合物，含砷、硒、氟的化合物等。有机污染物主要包括有机农药、酚类、氰化物、石油、合成洗涤剂以及由城市污水、污泥及厩肥带来的有害微生物等。当土壤中含有害物质过多，超过土壤的自净能力，就会引起土壤的组成、结构和功能发生变化，微生物活动受到抑制，有害物质或其分解产物在土壤中逐渐积累通过“土壤→植物→人体”，或通过“土壤→水→人体” 间接被人体吸收，达到危害人体健康的程度，就是土壤污染。

• 污染类型

土壤污染物有下列 4 类：①化学污染物。包括无机污染物和有机污染物。前者如汞、镉、铅、砷等重金属，过量的氮、磷植物营养元素以及氧化物和硫化物等；后者如各种化学农药、石油及其裂解产物，以及其他各类有机合成产物等。②物理污染物。指来自工厂、矿山的固体废弃物如尾矿、废石、粉煤灰和工业垃圾等。③生物污染物。指带有各种病菌的城市垃圾和由卫生设施（包括医院）排出的废水、废物以及厩肥等。④放射性污染物。主要存在于核原料开采和大气层核爆炸地区，以锶和铯等在土壤中生存期长的放射性元素为主。

• 污染特点

土壤污染具有隐蔽性和滞后性。大气污染、水污染和废弃物污染等问题一般都比较直观，通过感官就能发现，而土壤污染则不同，它往往要通过对土壤样品进行分析化验和农作物的残留检测，甚至通过研究对人畜健康状况的影响才能确定。因此，土壤污染从产生污染到出现问题通常会滞后较长的时间。如日本的“痛痛病”经过了10～20年之后才被人们认识。

• 累积性

污染物质在大气和水体中，一般都比在土壤中更容易迁移。这使得污染物质在土壤中并不像在大气和水体中那样容易扩散和稀释，因此容易在土壤中不断积累而超标，同时也使土壤污染具有很强的地域性。

• 不可逆转性

重金属对土壤的污染基本上是一个不可逆转的过程，许多有机化学物质的污染也需要较长的时间才能降解。譬如：被某些重金属污染的土壤可能要100～200年时间才能够恢复。

• 难治理

如果大气和水体受到污染，切断污染源之后通过稀释作用和自净化作用也有可能使污染问题不断逆转，但是积累在污染土壤中的难降解污染物则很难靠稀释作用和自净化作用来消除。

土壤污染一旦发生，仅仅依靠切断污染源的方法则往往很难恢复，有时要靠换土、淋洗土壤等方法才能解决问题，其他治理技术可能见效较慢。因此，治理污染土壤通常成本较高、治理周期较长。鉴于土壤污染难于治理，而土壤污染问题的产生又具有明显的隐蔽性和滞后性等特点，因此土壤污染问题一般都不太容易受到重视。

• 辐射污染

大量的辐射污染了土地，使被污染的土地含有了一种毒质。这种毒质会使植物生长不了，停止生长！树叶里含有一种有毒物质，在一般情况下是不会散发出来的。但一遇火，就会蒸发毒物。人一呼吸，就会中毒。

• 污染途径

• 污水灌溉

生活污水和工业废水中，含有氮、磷、钾等许多植物所需要的养分，所以合理地使用污水灌溉农田，一般有增产效果。但污水中还含有重金属、酚、氰化物等许多有毒有害的物质，如果污水没有经过必要的处理而直接用于农田灌溉，会将污水中有毒有害的物质带至农田，污染土壤。例如冶炼、电镀、燃料、汞化物等工业废水能引起镉、汞、铬、铜等重金属污染；石油化工、肥料、农药等工业废水会引起酚、三氯乙醛、农药等有机物的污染。

• 大气污染

大气中的有害气体主要是工业中排出的有毒废气，它的污染面大，会对土壤造成严重污染。工业废气的污染大致分为两类：气体污染，如二氧化硫、氟化物、臭氧、氮氧化物、碳氢化合物等；气溶胶污染，如粉尘、烟尘等固体粒子及烟雾，雾气等液体粒子，它们通过沉降或降水进入土壤，造成污染。例如，有色金属冶炼厂排出的废气中含有铬、铅、铜、镉等重金属，对附近的土壤造成污染；生产磷肥、氟化物的工厂会对附近的土壤造成粉尘污染和氟污染。

• 化肥

施用化肥是农业增产的重要措施，但不合理的使用，也会引起土壤污染。长期大量使用氮肥，会破坏土壤结构，造成土壤板结，生物学性质恶化，影响农作物的产量和质量。过量地使用硝态氮肥，会使饲料作物含有过多的硝酸盐，妨碍牲畜体内氧的输送，使其患病，严重的导致死亡。

• 农药

农药能防治病、虫、草害，如果使用得当，可保证作物的增产，但它是一类危害性很大的土壤污染物，施用不当，会引起土壤污染。喷施于作物体上的农药（粉剂、水剂、乳液等），除部分被植物吸收或逸入大气外，约有一半散落于农田，这一部分农药与直接施用于田间的农药（如拌种消毒剂、地下害虫熏蒸剂和杀虫剂等）

构成农田土壤中农药的基本来源。农作物从土壤中吸收农药，在根、茎、叶、果实和种子中积累，通过食物、饲料危害人体和牲畜的健康。此外，农药在杀虫、防病的同时，也使有益于农业的微生物、昆虫、鸟类遭到伤害，破坏了生态系统，使农作物遭受间接损失。

• 固体废物

工业废物和城市垃圾是土壤的固体污染物。例如，各种农用塑料薄膜作为大棚、地膜覆盖物被广泛使用，如果管理、回收不善，大量残膜碎片散落田间，会造成农田“白色污染”。这样的固体污染物既不易蒸发、挥发，也不易被土壤微生物分解，是一种长期滞留土壤的污染物。

• 污染防治

• 科学污水灌溉

工业废水种类繁多，成分复杂，有些工厂排出的废水可能是无害的，但与其他工厂排出的废水混合后，就变成有毒的废水。因此在利用废水灌溉农田之前，应按照《农田灌溉水质标准》规定的标准进行净化处理，这样既利用了污水，又避免了对土壤的污染。

• 合理使用农药

合理使用农药，这不仅可以减少对土壤的污染，还能经济有效地消灭病、虫，改善土壤污染、草害，发挥农药的积极效能。在生产中，不仅要控制化学农药的用量、使用范围、喷施次数和喷施时间，提高喷洒技术，还要改进农药剂型，严格限制剧毒、高残留农药的使用，重视低毒、低残留农药的开发与生产。

• 合理施用化肥

根据土壤的特性、气候状况和农作物生长发育特点，配方施肥，严格控制有毒化肥的使用范围和用量。

增施有机肥，提高土壤有机质含量，可增强土壤胶体对重金属和农药的吸附能力。如褐腐酸能吸收和溶解三氯杂苯除草剂及某些农药，腐殖质能促进镉的沉淀等。同时，增加有机肥还可以改善土壤微生物的流动条件，加速生物降解过程。

• 施用化学改良剂

在受重金属轻度污染的土壤中施用抑制剂，可将重金属转化成为难溶的化合物，减少农作物的吸收。常用的抑制剂有石灰、碱性磷酸盐、碳酸盐和硫化物等。例如，在受镉污染的酸性、微酸性土壤中施用石灰或碱性炉灰等，可以使活性镉转化为碳酸盐或氢氧化物等难溶物，改良效果显著。

回收再利用

可回收垃圾 >

可回收垃圾就是可以再生循环的垃圾。本身或材质可再利用的纸类、硬纸板、玻璃、塑料、金属、人造合成材料包装，与这些材质有关的如：报纸、杂志、广告单及其他干净的纸类等皆可回收。另外包装上有绿色标章是属于要付费的，亦属于可回收垃圾。

• 具体标准

根据《城市生活垃圾分类及其评价标准》行业标准，可回收物是指适宜回收循环使用和资源利用的废物。主要包括：1. 纸类：未严重玷污的文字用纸、包装用纸和其他纸制品等。如报纸、各种包装纸、办公用纸、广告纸片、纸盒等；2. 塑料：废容器塑料、包装塑料等塑料制品。比如各种塑料袋、塑料瓶、泡沫塑料、一次性塑料餐盒餐具、硬塑料等；3. 金属：各种类别的废金属物品。如易拉罐、铁皮罐头盒、铅皮牙膏皮、废电池等；4. 玻璃：有色和无色废玻璃制品；5. 织物：旧纺织衣物和纺织制品。不可回收物指除可回收垃圾之外的垃圾，常见的有在自然条件下易分解的垃圾，如果皮、菜叶、剩菜剩饭、花草树枝树叶等。

不可回收垃圾 >

不可回收垃圾指除可回收垃圾之外的垃圾，常见的有在自然条件下易分解的垃圾，如果皮、菜叶、剩菜剩饭、花草树枝树叶等，还包括烟头、煤渣、建筑垃圾、油漆颜料、食品残留物等废弃后没有多大利用价值的物品。

• 垃圾的基本分类

垃圾分为可回收垃圾、厨余垃圾、有毒有害垃圾和其他垃圾。其中厨余垃圾、有毒有害垃圾和其他垃圾属于不可回收垃圾。

• 厨余垃圾

厨余垃圾包括果皮、菜叶、剩菜剩饭、饭后垃圾等。厨余垃圾回收后可以做化肥，变废为宝。

• 有毒有害垃圾

有毒有害垃圾包括油漆颜料、废弃电池、废弃灯管等。这些物品如果随意丢弃会严重影响环境，产生危险，我们应该及时地将此类垃圾丢进有毒有害垃圾桶。

• 其他垃圾

其他垃圾包括水溶性强的卫生纸、餐巾纸等。

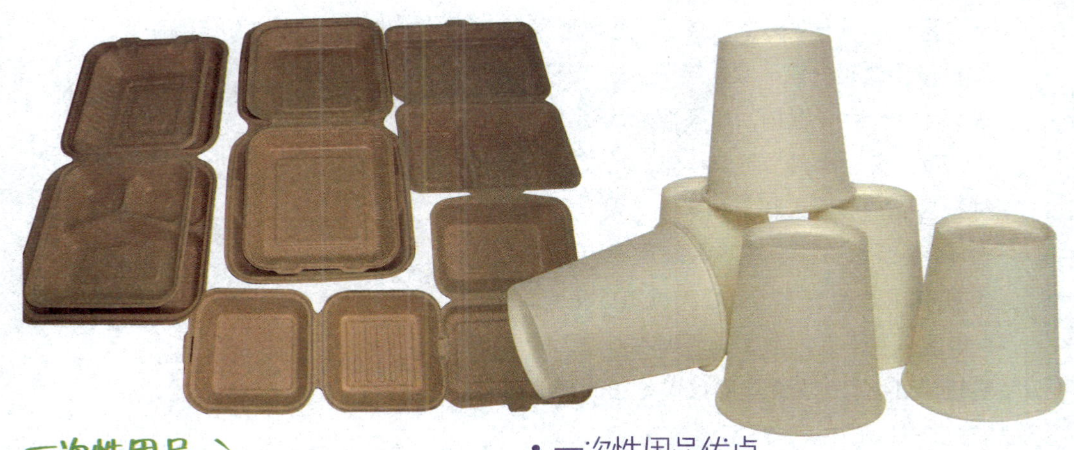

一次性用品 >

一次性用品是指只能使用一次的塑料制品或木制品等。一次性用品范围很广，比如一次性饭盒、一次性筷子、一次性鞋套、一次性杯子，都是大家比较熟知的，而有些一次性用品在日常生活中被人们广泛使用，却对它没有一个比较实质的概念，比如：避孕套、鞋垫、马桶垫等其实也是属于一次性用品的范围。

随着社会的迅速发展，一次性用品也被越来越多的人群使用。其中，避孕套、鞋垫、马桶垫等不但被大量地使用着，而且人们对其质量与作用也有了新的认识，从而运营而生出了一次性用品这一新兴行业。其实早在19世纪，欧洲各国的一次性用品行业就已经起步发展，到了19世纪的中期，一次性用品的发展已经繁荣昌盛了。

• 一次性用品优点

卫生：快餐厅中的纸包装一次性，卫生。

可回收性：大部分一次性用品可回收，例如：纸类、塑料类。

法律：现在法律是允许制造一次性用品的。现在的法律对一次性用品有一定的限制，只要在不违背法律的前提条件下，对环境不会有过多的损害。

医疗用品：许多医疗用品是必须一次性的，这不是环境的问题，而是人命的问题。

误区：大约有90%以上的人认为一次性产品会极大程度地污染环境，其实并非如此。适当地运用一次性产品不会对环境产生过多的污染。虽然一次性产品对环境会有影响，但在可回收性方面已经去除一部分污染，并且在上一条上已经讲明了另一部分污染。其实，不节约才是破害环境的罪魁祸首。

对不节约与一次性危害的比对：如果

一个人一天用一双一次性筷子，危害环境的程度不过是一双一次性筷子，充其量不过为十万分之一棵树，如果他能活到 100 岁，也只有一棵树，而 100 年，足以使一棵树苗长成参天大树。如果一个人一天浪费 10 毫升水（对于某些人来说不止）10 天就有 100 毫升水，100 天就有 1 千克，1 年就有 4 千克，如果他活到 100 岁，就有近半吨水！一次性产品仅仅是它的替罪羊！ 方便、卫生、可靠，不会造成二次污染，成本小，避免交叉传染，而且方便、便捷，节省时间。适合上班等比较忙碌的人，减少了一些事后清理的麻烦，也可以避免一些疾病的传播。

• 一次性用品引发的问题

环境污染。一次性消费品对环境造成了严重的污染。一次性用品使用后被随意抛弃的现象严重，对环境的潜在危害不容忽视：一次性用品多为塑料制品，由于难以降解而给环境带来沉重的负担。

资源浪费。一次性消费导致了对自然资源的疯狂掠夺。每年因生产一次性木筷，我国一年将失去 500 万立方米木材。而我国每年生产一次性筷子 1000 万箱，需要砍伐 2500 万棵树木，其中 600 万箱出口到国外。在一次性带来的方便、快捷的背后是触目惊心的资源消耗。

卫生问题。一次性用品作为一种快速消费品，其低廉的价格往往与劣质同行，混乱的市场现状难以保证产品质量。由于进入门槛低、监管不严、缺乏严格的卫生标准和有效的市场监管体系等原因，一次性用品制造企业良莠不齐，劣质廉价的一次性用品充斥市场。

4种一次性筷子千万别用

国际食品包装协会秘书长董金狮表示，一次性筷子在饭馆、外卖、路边摊中很常见，而生产这些筷子的企业一般都很小，并且不需要办理前置审批的生产许可证，导致了市场混乱，筷子的安全无保障。一般情况下，正规厂家生产的合格一次性筷子多取材于木材或毛竹，本身含有木素，遇水溶解可能令水变成浅黄色，水中还可能存在一些悬浮物，看起来混浊，这种情况一般不会对人体造成危害。按国家规定，竹制一次性筷子允许用食品级的硫磺熏蒸漂白，但每千克筷子上的二氧化硫残留量应不超过600毫克，而木筷子则不允许用硫磺熏制。"如果水呈较深的黄色，并伴有刺鼻气味，说明筷子上的残留物很可能过量。"董金狮说。这样的筷子会刺激呼吸道，引起咳嗽，有时甚至会腐蚀食道或肠胃。董金狮提醒消费者，外出就餐最好自带餐具，少用一次性餐具，如果必须用，则要多留意，遇到以下4种情况最好别用。

筷子发白或遇热变黄。为了使筷子看上去更干净，许多厂家会用硫磺或双氧水处理筷子，如果筷子颜色过白，很可能是处理过度，相对来说更加不安全；用硫磺熏蒸漂白的筷子，遇热后漂白效果会消失，恢复黄色，上面残留的化学物质可能会对人体造成伤害。

闻起来有酸味。安全合格的一次性筷子带有原材料本身的木香或竹香，如果打开包装后闻到一股刺鼻的酸味，就有可能是硫磺的味道。

表面有斑点。筷子含有一定水分，时间一长容易受潮变质。如果一次性筷子上面有墨绿色或黑色的小斑点，就是发霉变质的表现。用这样的筷子，可能诱发多种疾病，时间长了甚至还有致癌风险。

过细或两根完全分离的。有些无良厂家会回收使用过的一次性筷子，简单清洗后削掉外层污垢，再次出售。如果一次性筷子比正常的短且细，容易折断，或是两根没有连在一起，就要当心了，它们很有可能经过了"再加工"。

此外，国家质检总局在2006年规定，一次性餐具最小包装单元上，应该明确标注"经消毒的一次性餐具最多保质4个月"的字样，如果没有，建议消费者谨慎使用。

废旧电池回收利用 >

国内使用最多的工业电池为铅蓄电池，铅占蓄电池总成本50%以上，主要采取火法、湿法冶金工艺以及固相电解还原技术。外壳为塑料，可以再生，基本实现无二次污染。

• 废电池的材质

小型二次电池使用较多的有镍镉、镍氢和锂离子电池，镍镉电池中的镉是环保严格控制的重金属元素之一，锂离子电池中的有机电解质，镍镉、镍氢电池中的碱和制造电池的辅助材料铜等重金属，都构成对环境的污染。小型二次电池目前国内的使用总量只有几亿只，且大多数体积较小，废电池利用价值较低，加上使用分散，绝大部分作生活垃圾处理，其回收存在着成本和管理方面的问题，再生利用也存在一定的技术问题。

• 废电池的污染

民用干电池是目前使用量最大、也是最分散的电池产品，国内年消费 80 亿只。主要有锌锰和碱性锌锰两大系列，还有少量的锌银、锂电池等品种。锌锰电池、碱性锌锰电池、锌银电池一般都使用汞或汞的化合物作缓蚀剂，汞和汞的化合物是剧毒物质。废电池作为生活垃圾进行焚烧处理时，废电池中的 Hg、Cd、Pb、Zn 等重金属一部分在高温下排入大气，一部分成为灰渣，产生的二次污染。

• 处理方式

国际上通行的废旧电池处理方式大致有3种：固化深埋、存放于废矿井、回收利用。回收利用包括如下3种处理方式：

（1）热处理

瑞士有两家专门加工利用旧电池的工厂，巴特列克公司采取的方法是将旧电池磨碎后送往炉内加热，这时可提取挥发出的汞，温度更高时锌也蒸发，它同样是贵重金属。铁和锰熔合后成为炼钢所需的锰铁合金。该工厂一年可加工2000吨废电池，可获得780吨锰铁合金，400吨锌合金及3吨汞。另一家工厂则是直接从电池中提取铁元素，并将氧化锰、氧化锌、氧化铜和氧化镍等金属混合物作为金属废料直接出售。不过，热处理的方法花费较高，瑞士还规定向每位电池购买者收取少量废电池加工专用费。

（2）“湿处理”

马格德堡近郊区正在兴建一个“湿处理”装置，在这里除铅蓄电池外，各类电

池均溶解于硫酸，然后借助离子树脂从溶液中提取各种金属，用这种方式获得的原料比热处理方法纯净，因此在市场上售价更高，而且电池中包含的各种物质有95%都能提取出来。湿处理可省去分拣环节（因为分拣是手工操作，会增加成本）。马格德堡这套装置年加工能力可达7500吨，其成本虽然比填埋方法略高，但贵重原料不致丢弃，也不会污染环境。

（3）真空热处理法

德国阿尔特公司研制的真空热处理法还要便宜，不过这首先需要在废电池中分拣出镍镉电池，废电池在真空中加热，其中汞迅速蒸发，即可将其回收，然后将剩余原料磨碎，用磁体提取金属铁，再从余下粉末中提取镍和锰。这种加工一吨废电池的成本不到1500马克（按汇率为4.7148来算的话，约合7072元人民币）！

电子废弃物 >

电子废弃物俗称“电子垃圾”，是指被废弃不再使用的电气或电子设备，主要包括电冰箱、空调、洗衣机、电视机等家用电器和计算机等通讯电子产品等的淘汰品。电子垃圾需要谨慎处理，在一些发展中国家，电子垃圾的现象十分严重，造成的环境污染威胁着当地居民的身体健康。广东的贵屿镇是我国民间电子垃圾回收分解最为集中的地区，当地人由此获得丰厚收益的同时也面临着极为严重的污染威胁。

• 分类定义

e-waste 就是“电子垃圾”或“电子废弃物”。也可以用 waste electronic equipment 来表示。废弃不用的电子设备都属于电子废弃物。

电子废弃物种类繁多，大致可分为两类：一类是所含材料比较简单，对环境危害较轻的废旧电子产品，如电冰箱、洗衣机、空调机等家用电器以及医疗、科研电器等，这类产品的拆解和处理相对比较简单；另一类是所含材料比较复杂，对环境危害比较大的废旧电子产品，如电脑、电视机显像管内的铅，电脑元件中含有的砷、汞和其他有害物质，手机的原材料中的砷、镉、铅以及其他多种持久降和生物累积性的有毒物质等。

• 电子废弃物危害

电子废弃物的成分复杂，不少家电含有有毒化学物质，其中半数以上的材料对人体有害，有一些甚至是剧毒的。比如，一台电脑有 700 多个元件，其中有一半元件含有汞、砷、铬等各种有毒化学物质；电视机、电冰箱、手机等电子产品也都含有铅、铬、汞等重金属；激光打印机和复印机中含有炭粉等。

电子废弃物被填埋或者焚烧时，其中的重金属渗入土壤，进入河流和地下水，将会造成当地土壤和地下水的污染，直接或间接地对当地的居民及其他生物造成损伤；有机物经过焚烧，释放出大量的有害气体，如剧毒的二噁英、呋喃、多氯联苯类等致癌物质，对自然环境和人体造成危害。铅会破坏人的神经、血液系统以及肾脏，影响幼儿大脑的发育。铬化物会破坏人体的 DNA，引致哮喘等疾病。在微生物的作用下，无机汞会转变为甲基汞，进入人的大脑后破坏神经系统，重者会引起人死亡。遗弃后的空调和制冷设备中的氟利昂排放到大气中后会破坏臭氧层，引起温室效应，增加人类皮肤癌的发生几率。溴系阻燃剂和含氯塑料低水平的填埋或不适当的燃烧和再生会排放有毒有害物质。

• 富含资源

电子废弃物中所蕴含的金属，尤其是贵金属，其品位是天然矿藏的几十倍甚至几百倍，回收成本一般低于开采自然矿床。有研究分析结果显示，1吨随意搜集的电子板卡中，可以分离出286lb铜、11b黄金、441b锡，其中仅llb黄金的价值就是6000美元(1lb=0.45359kg)。

在印刷电路板中，最多的金属是铜，此外还有金、铝、镍、铅、硅金属等，其中不乏稀有金属。有统计数据表明，每吨废电路板中含金量达到1000克左右。随着工艺水平提高，现在每吨废电路板中已能够提炼出300克金，市价约合3万元。

美国环保局确认，用从废家电中回收的废钢代替通过采矿、运输、冶炼得到的新钢材，可减少97%的矿废物，减少86%的空气污染，76%的水污染；减少40%的用水量，节约90%的原材料，74%的能源，而且废钢材与新钢材的性能基本相同。

日本横滨金属公司对报废手机成分进行分析发现，平均每100克手机机身中含有14克铜、0.19克银、0.03克金和0.01克钯；另外从手机锂电池中还能回收金属锂。该公司通过从报废手机中回收多种贵重金属，获得相当可观的经济效益。

• 可用器件

电子器具的外壳一般由铁制、塑制、钢制或铝制。因此，可从电子废弃物中回收塑料和铁、钢、铝等金属，从而进行二次利用。

电视机和显示器中的显像管含有玻璃，可进行大量的玻璃回收；显像管上的偏转线圈是铜制的，可进行铜的回收。

废旧空调、制冷器具中的蒸发器、冷凝器含有高精度的铝和铜，可进行大量的回收。

含有电动机（包括空调上使用的压缩机各种风扇）的电子器具，由于电动机是由铁壳、磁体、铜制绕组组成，所以可进行铁、磁体、铜的回收。

大部分的废旧电子器具都有电子线路板，其包含大量废电子元件，由金属锡焊接在线路板上，可采用专门的设备可进行大量的锡、铁、铜、铝的回收。

大部分电子器具具有机械机构，一般有铁制或塑制、钢制等，可进行大量的铁、塑料、钢的回收。

电脑板卡的金手指上或 CPU 的管脚上为了加强导电性，一般都有金涂层，可由特种设备进行黄金的回收。

电脑的硬盘盘体是由优质铝合金造成，可进行回收利用。

连接废弃物的大量异种材料等（如电线、电缆的铜芯和塑应等），可进行相应的塑料、铝、铜等材料回收。

通信工具大量使用电池，一般有锂或镍氢电池，可以回收。

• 国际经验

• **法国**

法国政府于 2005 年 8 月启用全国性的电子垃圾回收办法。电子垃圾回收遵循“谁生产、谁销售、谁使用，谁就负担相关环保费用”的权利与义务对等原则。

根据该法令，从电脑、电视、冰箱、洗衣机到电话和电吹风机，所有新出厂的电器都印有小垃圾桶标志，表示其生命完结之后可以回收再利用。电子产品生产商作为回收主力，承担其产品未来的回收及循环再利用费用。

• **美国**

早在 20 世纪 90 年代初就对废旧家电的处理制定了一些强制性的条例。当局还通过干预各级政府的购买行为，确保有再生成分的产品在政府采购中占据优先地位，以此推动包括废旧家电在内的废弃物的回收利用。

如新泽西州和宾夕法尼亚州，通过征收填埋和焚烧税来促进有关企业回收利用废弃物。收取填埋和焚烧税使本来最便宜的垃圾处理途径的价格趋于上涨，从而大大增加了废旧家电回收利用的吸引力。马萨诸塞州则禁止私人向填埋场或焚烧炉扔弃电脑显示器、电视机和其他电子产品。

• **德国**

回收的意义在于减少污染，节约能源。这是德国回收利用旧电器的指导思想。德国负责回收旧电器的机构都是各市区直属

的市政企业。通过各种途径为民众进行废旧电器的回收提供方便，保障废旧电器的回收途径通畅。此外，德国环保政策中最重要的谁污染谁负责原则也是治理电子垃圾的重要原则，根据这一原则要求，制造商负有主要责任，另外进口商、消费者也负有相应的责任。

• 日本

日本的《家用电器回收法》从 2001 年 4 月 1 日开始实施。根据这项法律，家电生产企业必须承担回收和利用废弃家电的义务。家电销售商有回收废弃家电并将其送交生产企业再利用的义务。消费者也有承担家电处理、再利用的部分义务。

垃圾分类 >

垃圾分类，是将垃圾按可回收再使用和不可回收再使用的分类法为垃圾分类。人类每日会产生大量的垃圾，大量的垃圾未经分类回收再使用并任意弃置会造成环境污染。

我们每个人每天都会扔出许多垃圾，你知道这些垃圾到哪里去了吗？在一些垃圾管理较好的地区，大部分垃圾会得到卫生填埋、焚烧、堆肥等无害化处理，而更多地方的垃圾则常常被简易堆放或填埋，导致臭气肆虐，并且污染土壤和地下水体。垃圾无害化处理的费用是非常高的，根据处理方式的不同，处理1吨垃圾的费用约为100至几百元不等。人们大量地消耗资源，大规模生产，大量地消费，又大量地生产着垃圾，后果不可设想。

从国内外各城市对生活垃圾分类的方法来看，大多是根据垃圾的成分构成、产生量，结合本地垃圾的资源利用和处理方式来进行分类。如德国一般分为纸、玻璃、金属、塑料等；澳大利亚一般分为可堆肥垃圾，可回收垃圾，不可回收垃圾；日本一般分为可燃垃圾、不可燃垃圾等等。

• 分类意义

垃圾分类是对垃圾收集处置传统方式的改革，是对垃圾进行有效处置的一种科学管理方法。人们面对日益增长的垃圾产量和环境状况恶化的局面，如何通过垃圾分类管理，最大限度地实现垃圾资源利用，减少垃圾处置量，改善生存环境质量，是当前世界各国共同关注的迫切问题之一。垃圾增多的原因是人们生活水平的提高、各项消费增加了。据统计，1979 年全国城市垃圾的清运量是 2500 多万吨，1996 年城市垃圾的清运费是 1.16 元 / 吨，是 1979 年的 4 倍。经过高温焚化后的垃圾虽然不会占用大量的土地，但它投资惊人，难道我们对待垃圾就束手无策了吗？办法是有的，这就是垃圾分类。垃圾分类就是在源头将垃圾分类投放，并通过分类的清运和回收使之重新变成资源。垃圾分类的好处是显而易见的。垃圾分类后被送到工厂而不是填埋场，既省下了土地，又避免了填埋或焚烧所产生的污染，还可以变废为宝。这场人与垃圾的战役中，人们把垃圾从敌人变成了朋友。

• 主要分类

主要包括废纸、塑料、玻璃、金属和布料五大类。

废纸：主要包括报纸、期刊、图书、各种包装纸等等。但是要注意纸巾和厕所纸由于水溶性太强，不可回收。

塑料：主要包括各种塑料袋、塑料包装物、一次性塑料餐盒和餐具、牙刷、杯子、矿泉水瓶、牙膏皮等。

玻璃：主要包括各种玻璃瓶、碎玻璃片、镜子、灯泡、暖瓶等。

金属物：主要包括易拉罐、罐头盒等。

布料：主要包括废弃衣服、桌布、洗脸巾、书包、鞋等。

• 日本垃圾分类

初到日本的外国人，都会对其叹为观止的垃圾分类所折服。日本垃圾分类有以下几大特点。

• 一是分类精细，回收及时。

最大分类有可燃物、不可燃物、资源类、粗大类、有害类，这几类再细分为若干子项目，每个子项目又可分为孙项目，以此类推。

可燃类：简单讲就是可以燃烧的，但不包括塑料、橡胶制品片、一般剩菜剩饭，和一些可燃的生活垃圾都属于可燃垃圾。

资源类：报纸、书籍、塑料饮料瓶，玻璃饮料瓶。

不可燃类：废旧小家电（电水壶、收录音机）、衣物、玩具、陶瓷制品、铁质容器。

粗大类：大的家具、大型电器（电视机、空调）、自行车。

前几年横滨市把垃圾类别由原来的5类更细分为10类，并给每个市民发了长达27页的手册，其条款有518项之多。试看几例：口红属可燃物，但用完的口红管属小金属物；水壶属金属物，但12英寸以下属小金属物，12英寸以上则属大废弃物；袜子，若为一只属可燃物，若为两只并且“没被穿破、左右脚搭配”则属旧衣料；领带也属旧衣料，但前提是“洗过、晾干”。不过，这与德岛县上胜町相比，那就是小巫见大巫了。该町已把垃圾细分到44类，并计划到2020年实现“零垃圾”的目标。

在回收方面，有的社区摆放着一排分类垃圾箱，有的没有垃圾箱而是规定在每周特定时间把特定垃圾袋放在特定地点，由专人及时拉走。如在东京都港区，每周三周六上午收可燃垃圾，周一上午收不可燃垃圾，周二上午收资源垃圾。很多社区规定早8点之前扔垃圾，有的则放宽到中午，但都是当天就拉走，不致污染环境或引来害虫和乌鸦。

- **二是管理到位，措施得当。**

外国人到日本后，要到居住地政府进行登记，这时往往就会领到当地有关扔垃圾的规定。当你入住出租房时，房东也许在交付钥匙的同时就一并交予扔垃圾规定。有的行政区年底会给居民送上来年的日历，上面一些日期上标有黄、绿、蓝等颜色，下方说明每一颜色代表哪天可以扔何种垃圾。在一些公共场所，也往往会看到一排垃圾箱，分别写着：纸杯、可燃物、塑料类，每个垃圾箱上还写有日文、英文、中文和韩文。

- 三是人人自觉，认真细致。

养成良好习惯，非一日之功。日本的儿童从小就从家长和学校那里受到正确处理垃圾的教育。如果不按规定扔垃圾，就可能受到政府人员的说服和周围舆论的压力。日本居民扔垃圾真可谓一丝不苟，非常严格：废旧报纸和书本要捆得非常整齐，有水分的垃圾要控干水分，锋利的物品要用纸包好，用过的喷雾罐要扎一个孔以防出现爆炸。

- 四是废物利用，节能环保。

分类垃圾被专人回收后，报纸被送到造纸厂，用以生产再生纸，很多日本人以名片上印有“使用再生纸”为荣；饮料容器被分别送到相关工厂，成为再生资源；废弃电器被送到专门公司分解处理；可燃垃圾燃烧后可作为肥料；不可燃垃圾经过压缩无毒化处理后可作为填海造田的原料。日本商品的包装盒上就已注明了其属于哪类垃圾，牛奶盒上甚至还有这样的提示：要洗净、拆开、晾干、折叠以后再扔。

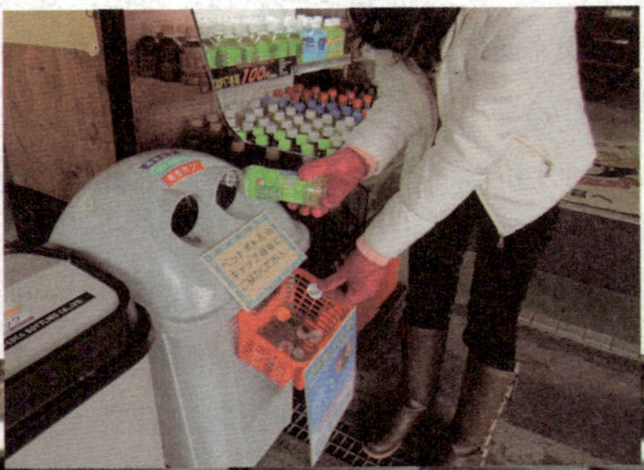

• 美国垃圾分类

垃圾回收作为一种产业得到了迅速发展，在许多发达国家，回收产业正在全国产业结构中占有越来越重要的位置。以美国 3 个城市巴尔的摩、华盛顿和里奇蒙为例，过去回收垃圾每处理 1 吨需要花 40 美元，分类处理以后，这些回收的垃圾在 1995 年就创造了 5100 个就业机会。在美国这 3 个城市只是很小的一个地区，其垃圾回收不仅节约了处理垃圾的费用，而且创造了 5 亿美元的财富。

被称为垃圾生产大国的美国，垃圾分类逐渐深入公民的生活，走在大街上，各式各样色彩缤纷的分类垃圾桶随处可见。

政府为垃圾分类提供了各种便利的条件，除了在街道两旁设立分类垃圾桶以外，每个社区都定期派专人负责清运各户分类出的垃圾。

居民对政府的垃圾分类工作也表示了极大的支持。这不仅表现在他们每个人对垃圾分类的知识耳熟能详；而且，在这里为垃圾分类处理出钱，就像为能饮用到洁净的自来水付费一样天经地义。

• 澳大利亚垃圾分类

一般人家的院子里，都会有 3 个深绿色大塑料垃圾桶，盖子的颜色分别为红、黄、绿。绿盖子的桶里，放清理花园时剪下来的草、树叶、花等；黄盖子的桶里，则放可回收资源，包括塑料瓶、玻璃瓶等。

由于规定复杂，因此市政部门每年都会向各家邮寄相关宣传资料，孩子们更是早早地学会了如何给垃圾分类。对于如何进行垃圾分类时，即便是上小学的孩子也知道，一定要将盖子取下来，否则处理时很危险。

• 英国垃圾分类

一般来说，每家都有 3 个垃圾箱：一个黑色，装普通生活垃圾；一个绿色，装花园及厨房垃圾；一个黑色小箱子，装玻璃瓶、易拉罐等可回收物，区政府会安排 3 辆不同的垃圾车每周一次将其运走。普通生活垃圾主要是填埋，花园及厨房垃圾用作堆肥；垃圾回收中心则回收 42 种垃圾，如眼镜、家具等。

• 垃圾分类小误区

• **大棒骨餐厨垃圾**

事实上，大棒骨因为“难腐蚀”被列入“其他垃圾”。类似的还有玉米核、坚果壳、果核、鸡骨等则是餐厨垃圾。

• **卫生纸可回收**

厕纸、卫生纸遇水即溶，不算可回收的“纸张”，类似的还有陶器、烟盒等。

• **餐厨垃圾装袋**

常用的塑料袋，即使是可以降解的也远比餐厨垃圾更难腐蚀。此外塑料袋本身是可回收垃圾。正确做法应该是将餐厨垃圾倒入垃圾桶，塑料袋另扔进“可回收垃圾”桶。

• **果壳算其他垃圾**

固废中心专家说，发给试点小区居民家的宣传资料，“果壳瓜皮”的标识就是花生壳，的确属于其他垃圾。家里用剩的废弃食用油，也归类在“餐厨垃圾”。

• **尘土算其他垃圾**

在杭州的垃圾分类中，尘土属于“其他垃圾”，但残枝落叶属于“厨房垃圾”，包括家里开败的鲜花等。

这就带来一个难题，如果阳台上种了花，松松土，修剪了枝叶，扫一簸箕垃圾还得再分一次吗？如果你是一个坚定的环保主义者，不怕麻烦，赞成这么做。

但也允许倒入“其他垃圾”。杭州市固废监管中心主任张束空说，尤其对小区保洁员来说，再次分类无疑增加了劳动强度，所以把清扫垃圾全部归到“其他垃圾”这一类。等今后垃圾分类推广后，再考虑具体办法。

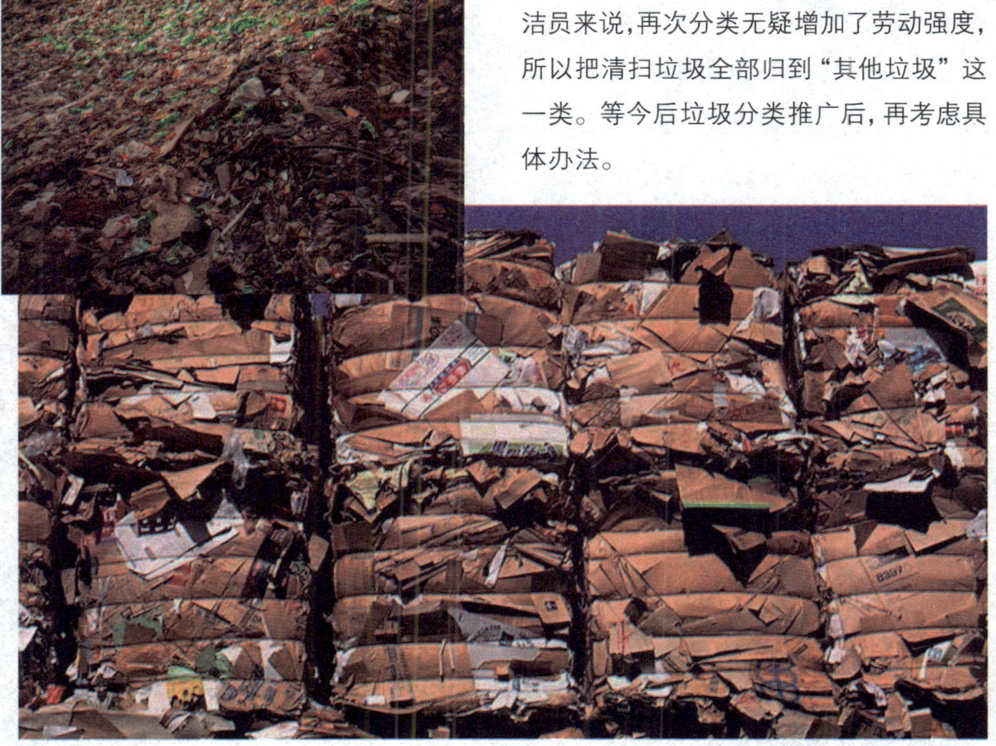

环保从我做起

全家动员 〉

首先，父母要做好孩子的表率。父母是孩子的第一任老师。由于孩子的可塑性大、模仿性强，家长的一言一行都能影响孩子。因此，家长自身必须牢固树立节能环保意识，不断提高自身素质，自觉做到“环保节能从我做起，从日常小事做起”，把节能保护渗透到家庭生活的方方面面，为孩子在节能环保方面作出表率。其次，着力培养孩子的节能环保意识。家长可以利用双休日和节假日，领孩子到一些风景名胜区去体验环境美，然后再领孩子到一些环境污染严重的地方，让他们目睹垃圾遍地、污水横流的场景。通过这种对比，让孩子亲身感受环境污染的危害性。最后，要为孩子创造一个良好的节能环保氛围。在日常生活中，家长要把环保意识落实到行动上，让孩子在潜移默化中形成良好的环保习惯。如购物时，要注意选择无污染的绿色产品；从自身做起，认真搞好家庭卫生，努力创造一个整洁的生活环境。这样，通过教育孩子，一方面加强了家长本身的节能环保意识，另一方面也着实减少了家庭的开支，还能为我国的节能环保工作做出贡献，可所谓是“利大无穷”。

节约用煤 >

由于能源紧张，近年来随着节能工作进一步开展，各种新型、节能先进炉型日趋完善，且采用新型耐火纤维等优质保温材料后使得炉窑散热损失明显下降。采用先进的燃烧装置强化了燃烧，降低了不完全燃烧量，空燃比也趋于合理。然而，降低排烟热损失和回收烟气余热的技术仍进展不快。为了进一步提高窑炉的热效率，达到节能降耗的目的，回收烟气余热也是一项重要的节能途径。

21世纪初国内河南省巩义市终于研制出了荣华陶瓷换热器。其生产工艺与窑具的生产工艺基本相同，导热性与抗氧化性能是材料的主要应用性能。它的原理是把陶瓷换热器放置在烟道出口较近、温度较高的地方，不需要掺冷风及高温保护，当窑炉温度1250℃～1450℃时，烟道出口的温度应是1000℃～1300℃，陶瓷换热器回收余热可达到450℃～750℃，将回收到的的热空气送进窑炉与燃气形成混合气进行燃烧，可节约能源35%～55%，这样直接降低生产成本，增加经济效益。

节约用水 >

随着经济快速增长和人口不断增加，努力缓解资源不足的矛盾，不断改善生态环境，实现可持续发展，已经成为十分紧迫的任务。中国是世界12个贫水国家之一，淡水资源还不到世界人均水量的1/4，因此节约用水迫在眉睫。

据统计，就按一座城市共1700万常住人口，有600多万户家庭来讲．如果每家每月节约1度电，一年全市就可节电720000万度，相当于一座小型发电厂的发电量；如果每家每月节约1吨水，一年全市就可节水720000万吨，相当于一座80万人城市一年的生活用水总量。

时时刻刻注重节约用水，可以从下几个方面着手：

推广使用节水型水阀和卫生洁具；用水完毕随手关闭龙头，别让水空流；随时检查维修水龙头阻止滴漏；提倡一水多用，让水重复使用；节约用水，用洗菜、淘米水冲厕所、浇花；洗衣服使用无磷洗衣粉，减少污染；如果将漂洗的水留下来做下一批衣服洗涤水用，一次可以省下30~40升清水；慎用清洁剂，尽量用香皂，别让水源污染，时时告诫我们自己，保护水源就是保护生命！

节约用纸 >

使用再生纸和节约用纸，保护森林资源。

目前，造纸的原料主要是木材，全球每年减少的森林面积为73000平方千米，相当于两个台湾岛。我国造纸业年消耗木材1000多万立方米；每年大约生产450亿双一次性木筷，相当于我们一年要吃掉约2500万棵树。我们使用、消耗大量的纸张，实际上是在消耗森林资源。现在，地球上平均每年有4000平方千米的森林消失。森林可以为人类提供氧气、吸收二氧化碳、防止气候变化、涵养水源、防风固沙、维持生态平衡等。保护森林，减少开采量，就需要削减木材的需求量。回收1吨废纸能生产800千克再生纸，可以少砍17棵大树，节约一半以上的造纸原料，减少35%的水污染。每张废纸至少可以回收再生两次。因此，应提倡积极回收废纸、尽量使用再生纸和双面用纸充分发挥电子政务优势，大力推行无纸化办公，尽量使用电子媒介修改文稿，努力减少纸张消耗。节约用纸则是保护森林、保护环境的最好措施。

节约用油 >

减少对机动车的依赖，近距离出行尽可能使用自行车或者步行，给城市的交通减轻一点负重；减少公务用车，在不影响公务、确保安全的前提下减少独自用车；紧急公务活动确需使用公务车辆时，尽量集中乘坐。让我们人人来做公交族，个个争当自行车骑手！

另外，如果是自己开车，可掌握以下节能环保技巧：1.如果开车时巧用空挡滑行，一辆1.6升排量的家用轿车每月可以节约10升汽油；2.起步时离合器不能松得太快，否则既耗油又易熄火；3.提高速度时应轻加油门；4.在遇红灯或前方车辆刹车时，不要高挡冲到跟前时才猛踩刹车；5.汽车行驶过程中，要注意看水温表，发动机正常的水温应保持在80至90℃之间，如果过高或不足都会使油耗增加；6.时常检查轮胎的气压，以保持在最佳状态，轮胎气压不足会增加耗油量；7.不要随意更换轮胎的大小，选择更宽的轮胎或许让车看来更有“跑车味”，但轮胎越宽，车轮阻力越大，燃油消耗量就越多；8.用黏度最低的发动机油。发动机油黏度越低，发动机就越“省力”，也就越省油；9.不要热身过度。有些车主喜欢在早上开车前，先热身再上路，但热身太久会更耗油，可以先让车慢慢行驶一两千米来达到热身效果；10.不要超速。对一般汽车而言，80千米的时速是最省油的速度，有统计表明，每增加1千米的时速，耗油量会增加0.5%。还有一些节油窍门是在驾驶之外的：轮胎气压不足会增加耗油量；开启空调要确保窗门紧闭；定期清洗隔离尘网可以节省30%的电力。

减少肉类 >

联合国于2006年发表的报告指出，畜牧养殖业的温室气体排放量比全球所有交通工具，包括飞机、火车、汽车、摩托车的总排放量还多。联合国政府间气候变化专门委员会（IPCC）主席帕乔里博士在2008年1月的巴黎记者会上指出，他们2007年公布的报告强调“改变生活方式的重要性”，他说：“这是IPCC早先不敢表达，但是我们现在必须公诸于世的概念。”他呼吁全球民众，“请少吃肉！肉食是排碳量极大的产品。”

一次性用品 >

现代化生活充斥着许多一次性用品：一次性餐具、一次性桌布、一次性尿布、一次性牙刷、一次性照相机……一次性用品给人们带来了短暂的便利，却给生态环境带来了灾难；它们加快了地球资源的耗竭，同时也给地球带来了环境污染。少使用一次性用品，多使用耐用品，对物品进行多次利用，应当成为新的社会风气，新的生活时尚。减少资源和能源的浪费，让我们摆脱“一次性消费”的诱惑，我们可以用充电电池代替普通电池；用手绢代替纸巾；用瓷杯、玻璃杯代替纸杯；用布袋代替塑料袋；用自动铅笔代替木杆铅笔。如果经常在外出差吃饭，可随身带双筷子、带个勺子，带上牙刷、牙膏、剃须刀、洗发水等等，使生活处处皆环保。家庭出游，更要随身携带各种物品，减少一次性用品的污染及浪费。同时，也要劝说周围的朋友，将节能环保根植于每个家庭。

购物袋 >

在我们的生活里，塑料袋成了必不可少的东西，无论是在超市，还是在菜市场和街边的小摊贩那里，给顾客提供塑料袋似乎成了理所当然的事情，与此相对照的是，一些消费者在购物时过度依赖塑料袋。那些用了就扔的塑料袋不仅造成了资源的巨大浪费，而且使垃圾量剧增。大部分消费者把超市塑料袋带回家中当垃圾袋使用，丢弃后对环境造成二次污染。塑料袋造成的白色污染，已经成为城市环境的大敌。

我国每年塑料废弃量为100多万吨。如果平均每个塑料袋铺开是0．6平方米，那么每人每年弃置的塑料薄膜面积达240平方米。而一些街头小贩用的塑料袋还存在严重的卫生问题。少用或不用塑料袋应该是我们首先倡导的绿色生活。

家庭用塑料袋，是白色污染中的重点，因此，各个家庭都应该外出买菜时自带竹篮，美观又环保。

环保那些事

爱尔兰倒垃圾也要收费 >

只听说收废品要过秤算钱，却没听说过倒垃圾要过称交费。可是在爱尔兰，要按量交费清理垃圾，倒垃圾的人要“量力而为”。爱尔兰引进了一种新式收垃圾的系统，所有地方行政当局对公共设施和住户的垃圾实行计量，要么称重量，要么按体积量，倒垃圾的人必须按实际的垃圾量交纳清理费。

爱尔兰政府表示，实施这个政策的目的，是为了提高资源回收再利用的水平。环境部长马丁·卡伦强调：“对于那些循环利用物资的人来说，这个计划可以让他们比以前少花钱，但要是大手大脚地浪费资源，那就多掏钱。”这可以说是通过经济手段对浪费者的一种惩罚，对珍惜资源者的一种奖励。

其实，在推出这一政策之前，爱尔兰已经在个别地区进行了试点，结果显示，

“按量交费”的垃圾清理计划一实施，试点地区的垃圾排放量就明显减少，人们回收使用物品的意识明显增强，为清理垃圾所付的钱反而少下来了。在非试点地区，每年向垃圾倾倒者收固定的清理费，结果垃圾排放就没有什么节制，许多能再次利用的物品也当垃圾扔掉，市政清理垃圾的任务艰巨。卡伦还认为：“这种交费方式，既可以提高居民回收再利用资源的自主性，还可以保护环境，是个一举两得的好办法。”

在其他欧盟国家，治理垃圾污染一般都采取如下手段：避免使用产生“白色污染”的包装，许多国家的超市都取消了免费提供购物袋，消费者要么购买一种低价的可回收的棉织袋，要么就得买可再利用的塑料袋，消费者逐渐就养成了自带手袋盛装商品的习惯；一些国家制定法律，规定某些塑料瓶和玻璃瓶要回收到厂家，经过清洗后再次使用；纸张、玻璃、塑料等垃圾分类回收，再加工成原材料。

巴西建环境仲裁院

巴西《圣保罗州报》报道，巴西在里约热内卢建立该国的第一个环境仲裁院。这个由环保领域的律师和专家组成的仲裁院，是为各级机构以及法人和自然人之间广泛存在的环境保护方面的争端提供的一个快捷方便的解决手段。仲裁院院长的阿尔弗莱多·罗德里格斯律师说：“在巴西，对环保纠纷进行仲裁仍是一块处女地。因此，我们这个团体完全由专家组成，他们都具有仲裁员资格，能够作出足够权威的裁决。”罗德里格斯表示，环境仲裁院是一个民间组织。它不从属于任何司法机构，只是依据有关的法律来工作。罗德里格斯说：“对大自然的任何破坏都是极严重的，它们直接损害公众的利益。显然，环保需要一个更为有效和快捷的机构，可以尽快地阻止我们的生存环境受到不可逆转的破坏。”

德国对饮料瓶征税 >

为提高可重新使用的饮料瓶的利用率，德国对一次性饮料瓶征税，每个瓶子的征税额度从0.15~0.30德国马克不等。德国包装行业条例规定：以瓶数计算，所售出饮料的72%要使用可重新使用的饮料瓶。

德国环境部进行的一项研究显示：可重新使用的聚乙烯对苯二酸酯瓶子，比可重新使用的玻璃瓶子对环境更有益。虽然前者只能平均使用15次，而后者使用次数达50次，但如果考虑到运输过程这一因素，那么，1只70克的聚乙烯对苯二酸酯瓶子对环境的影响，要比总重量为600克的玻璃瓶子对环境的影响要小。

日本：环境会计制度迅速普及

环境会计制度最早是从欧美国家兴起来的，近年才传入日本。它是一种把用于环境保护的投资和由此而获得的经济效益作定量性的测定、分析和加以公布的制度。环境保护问题已成为企业经营中不可忽视的重要因素，因此有越来越多的企业把它列为经营管理项目之一。

曼谷的“垃圾银行”一举数得

“垃圾和毒品”是泰国首都曼谷的两大“癌症”。可走进曼谷市热闹的班加比区的苏珊26社区，竟然很少见到垃圾和吸毒少年的踪迹。这大概应归功于这里设立的“垃圾银行”。

苏珊26社区专门鼓励区内闲游的少年儿童去搜集垃圾，再教他们依照垃圾分类法把垃圾分类装袋，然后交给垃圾银行，他们因此所得的报酬都要储存在垃圾银行里，每3个月计算一次利息（只是利息不是现金，是上学必需品）。在一家垃圾银行里，人们可以看到挂着的利息明细表：存款超过100泰铢，利息是一个水壶；存款在31至100泰铢间，得袜子一双等等。垃圾银行的“客户”若急需缴纳学费，还可向垃圾银行贷款，再以垃圾还债。这种鼓励居民和孩子搜集垃圾和教导垃圾分类的措施实施后，社区内又设置了一个“物品再生中心”，专门向垃圾银行收购垃圾，每日公布各种垃圾价

格。曼谷社区垃圾物品再生中心负责人表示，这种“寓教育于垃圾”的工作，可以使社区内闲逛的孩子不再把时间误用在吸毒或贩毒上。物品再生中心用赚得的利润设置了学生奖学金，鼓励学生认真学习，也是另一种意想不到的“垃圾功能”。而这样做的最大好处是，这个社区内垃圾大减。未设置物品再生中心前，社区内总共有26个垃圾桶让居民放置垃圾，曼谷市政府垃圾车每日都要来收取，否则会臭气冲天。如今只剩下16个垃圾桶，曼谷市政府每周只需来收取一次。而在街道上游逛的孩子也越来越少。

新加坡人不吃口香糖 >

1992年新加坡政府颁布了进口及销售口香糖的禁令，之所以出台这样的禁令主要是因为有一些缺乏公德意识的人四处乱丢口香糖残渣，政府担心它会影响地铁列车和电梯的操作。在新加坡吃口香糖并不属于犯法的行为，政府对此也没有作任何明文规定，只要你买得到便可以尽情享用。那些走私口香糖的人将被处以1年的监禁和最高达1万美元的罚款，当然那些少量的携带者不算在内。游客带一些供自己食用也是允许的。

如今，新加坡人早就习惯了没有口香糖的生活。在节假日里，新加坡人偶尔会去临近的马来西亚购买一些口香糖，回家后“偷偷”享用。他们开玩笑说，其实新加坡人可以坐半小时的车去马来西亚，尽情地抽烟，嚼口香糖，然后再回新加坡。

新西兰征收“屁税”

中国有句流传了上千年的俗语“管天管地管不着人拉屎放屁”，而新西兰政府则决定向农民征收牛羊的“放屁税”，以控制对大气的污染。

新西兰，阳光明媚，空气清新。每年日照时间超过2500小时的新西兰，几乎没有污染，到处是翠绿草坪。

尽管如此，新西兰政府仍然决定，凡饲养牲畜的农场主在今后都要为牲畜排放的臭气缴税。即：家畜的“打嗝儿税”、“屁税”及“污物税”。新西兰政府认为，牛羊排放出的臭气中含有大量甲烷，而甲烷会损害地球臭氧层，由此可加速地球升温。新西兰总人口约400万，而饲养的羊数则为总人口的近10倍。新西兰能源部指出，家畜在消化饲料过程中所排放的甲烷和一氧化二氮是其排放的二氧化碳的21～310倍，其温室效应十分强烈。新西兰家畜排放的温室气体占该国内温室气体排放总量的55%，这一指标在发达国家名列前茅。开征此税，是为了减少温室气体排放。

德国为树支付“丧葬费”

在德国，一次雷电击中了一位杂志撰稿人院子里的一棵老树。事发不久，林业局派官员来到他家对这棵被击中的树进行反复检查测量，然后做出了同意砍伐的决定。接着，伐木工人来了，当这棵老树伐掉后，工人递上一份账单，要该撰稿人交纳2000马克的砍伐费。

当他对此提出异议时，林业局官员一面拿出林业法规的有关条文，一面幽默地说：“这棵树在您家里，您一直在享受它的阴凉，现在它死了，埋葬费当然该由您支付。”

美国列车上设“安宁车厢”

由美国纽约开往华盛顿的Amtruk列车设有“安宁车厢”。凡乘坐该列车的乘客，禁止使用手机通话和使用笔记本电脑，禁止喧哗和高声谈笑。此举受到多数旅客的欢迎。

美国一些高尔夫球场、餐厅、博物馆、教堂和其他要求安宁、舒适的地方也已经禁用手机。据说，英国女王早已向她的仆人发出上班时间手机禁用令了。

法国动物园拟回收大熊猫粪便用于供热供电

据美国《赫芬顿邮报》网站2013年4月5日报道，法国博瓦尔动物园将建造一个沼气池，将大熊猫等园中动物的粪便进行回收利用，为动物园供热供电。

博瓦尔动物园在去年1月从中国租借了两只大熊猫“欢欢”和“圆仔”，大大提升了动物园的人气，但每年约100万美元的租金，也加大了动物园的运营成本。不过，动物园想出了好法子，决定将大熊猫等动物的粪便回收利用，建造一个沼气池。一只大熊猫一天能吃35千克竹子，并产生约30千克的粪便。

德国慕尼黑动物园曾在2009年建造类似项目对大象的粪便进行回收利用，而博瓦尔动物园的这一项目将会成为法国境内的首个动物园废物回收再利用工程。

据报道，该项目将耗资300万美元，所需资金将由同法国中央大区有合作关系的两家银行联合提供何时出版。

此沼气池产生的热量用于大猩猩和海牛馆的取暖，这会为动物园节省40%的煤气费。其余的能量被转化为电能，并出售给法国的EDF电力公司，最后剩下的材料送给当地农民用作肥料。

“这是一个非常完美的可持续发展项目，为此我们在很久以前就开始了项目申请工作。”博瓦尔动物园的发言人德尔菲娜·德罗德介绍说。

法国人每月交4千克生活垃圾 >

法国十分重视垃圾的分类处理，除了要求生产厂家负责垃圾的回收管理处，还对居民作出了相应的规定，要求每户居民每月必须上交生活垃圾4千克。环保部门再将这些分类垃圾集中到一起，综合利用。

加拿大：侵犯松鼠要道歉 >

在加拿大，松鼠很多，有时候它会跳到人们的脚边索要食物，如果你初来乍到，不懂该国的规矩，随意用脚把松鼠踢开，又恰好被当地的小孩子看见，这些环保小卫士们会要求你向松鼠道歉。

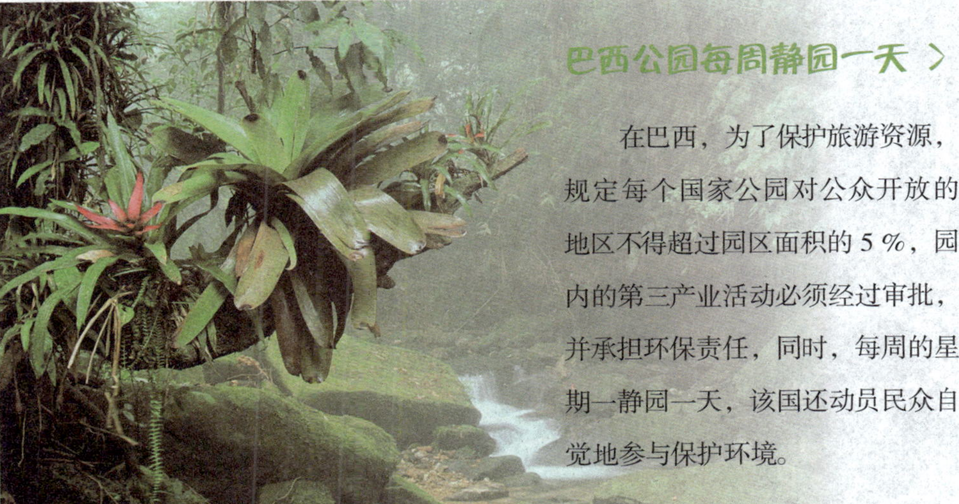

巴西公园每周静园一天 >

在巴西，为了保护旅游资源，规定每个国家公园对公众开放的地区不得超过园区面积的5%，园内的第三产业活动必须经过审批，并承担环保责任，同时，每周的星期一静园一天，该国还动员民众自觉地参与保护环境。

德国：从每个细节上节约能源 >

在物质文明比较发达的国家，没有人以挥霍奢侈为荣，相反，善于精打细算，如公共滚动电梯均采用感应技术，有人则行，无人则停。旅游房间内不置冰箱，只是在桌上放两瓶矿泉水，每层楼道都安放一个透明冰柜，只要用你房间的插卡钥匙一插，所需的饮料就会从一个自动门“走”出来。这个办法好处多，首先，节省了冰箱，减少了耗电和散电。第二，每层共用一个冰柜，可及时补充，不至于喝陈饮料。

在美国偷仙人掌要判刑 >

为了保护当地生态环境和罕见的仙人掌——山影掌，美国亚利桑那州对盗窃并出卖植物园中仙人掌的窃贼均要判刑。弗尼克斯的一市民，就因盗窃仙人掌被判处监禁一年，并罚款21 680美元。

日本用风车净化湖水 >

日本第二大湖霞浦湖的湖边有一高25米、4个叶片直径为20米的荷兰式风车，该风车既是供人观赏的一景，同时也是净化湖水的设施。风车随着叶片转动，内部的一台水泵将湖水不断汲上，再通过过滤器将水中的浮游垃圾及污物除去，然后将这些去污的湖水再排入一座水生植物园，用于灌溉荷兰花睡莲和养金鱼等，为湖、园平添了清丽脱俗的气氛。

最早制定环保法的国度 >

早在秦代之前，我国便有“春三月，山林不登斧，以成草木之长；夏三月，川泽不入网罟，以成鱼鳖之长”的规定，但作为一部完整的环境保护法，当首推秦代的《田律》了。从《田律》中规定的条文不难看出，它还保护水道不得堵塞。它要求在一些禁苑周围挖河开沟，设置警戒线，其形式和规模颇似今天的自然保护区。

环境污染最轻的城市 >

当今环境污染最轻的城市是欧洲冰岛共和国的首都雷克雅未克。冰岛全境有100多座火山，其中活火山24座（据统计，近百年来平均每5年有一次火山爆发）。由于火山的频繁活动使冰岛岛国地热资源蕴藏十分丰富，全国有温泉上千处，其水温多在90℃以上。雷克雅未克市市民充分利用地热取暖，建造温泉热能温室；城市照明、工业动力用电，是靠地下喷出的高达270℃的热气发电，致使雷克雅未克城基本上没有黑烟、烟尘、二氧化硫等污染物污染。当然，汽车尾气、工业性粉尘、废气污染还是存在的，我们所说主要是减少了燃煤、油等能源对环境造成的污染。

我国法院最早判处一起污染环境犯罪案件

1979 年 9 月 12 日，苏州市人民化工厂工人张长林，在当班时将剧毒物品液体氰化钠储槽阀门打开后，擅离工作岗位，忘记关闭，使 28 吨氰钠外溢流入河道，严重污染水域，造成苏州和吴县部分乡鱼蚌大批死亡，并给人民生活带来了严重危害。10 月 27 日，苏州市中级人民法院依法开庭对此案进行公开审理。在查清事实的基础上，法庭认定张长林的行为已经构成犯罪，参照当时已经颁发但尚未开始施行的《刑法》第 115 条的规定，按照违反危险物品管理规定肇事罪，判处有期徒刑 2 年。这一刑事案件的判决，是我国法院判处的第一起污染环境犯罪案件，它开创了我国对严重污染环境的犯罪行为进行刑事制裁的先例。

可以吃的牙签 >

大多数国家的牙签都是木制，但韩国的牙签却与众不同。它不是以木头或竹子为原料，而是以可食用的原料制成，番薯、绿豆粉和玉米粉是比较常见的原料。这种牙签不仅环保，还有一定的柔软度，非常好用。

韩国生产这种可食用牙签最初是因为剩菜中的牙签老是使猪的肠胃被扎。于是，一些养猪者设想，如果能改成土豆淀粉制作牙签就好了，因为牙签用完后丢在剩饭里就软化了。这种设想受到有关部门的大力和支持，韩国人开始在天然植物中寻找原料，最终发明了用番薯（即山芋）做原料制成牙签。经过短短1年时间，韩国便生产出可食用牙签。

可食用牙签受到了韩国社会的普遍欢迎。因为它解决了伤猪问题，也节约了大量木材，利于环保。同时，人们用得放心，不伤牙齿，用后还可吃掉，减少了环境污染。尤其是可食用牙签改变了木质牙签样式的单调，使牙签变得更为美观。

环保牙刷 >

通常来说，一支牙刷最好不要使用超过3个月。而当我们每3个月就扔掉一支牙刷的同时，却又造成了一个不好的影响：通常牙刷都是塑料制品，这类东西在大自然中非常难以降解，累计下来，这将会变成一个令人头疼的环保问题。

为了在达到没有蛀牙这个目标的同时也能做到兼顾环保，美国一对儿来自牙医家庭的兄妹开始向社会推广他们设计的100%可降解的牙刷。这支牙刷名为Bogobrush，据称，这是世界上首个能够100%降解的环保型牙刷。

牙刷的设计及其简单，刷柄采用的是竹子作为材料，而刷毛部分采用的则是“可生物降解的尼龙刷毛”。不过生产商并未对刷毛部分做出具体解释，因为通常尼龙材料要花上30至40年时间才能够完全降解。当然，如果你换个角度看，一支塑料牙刷可能要花上长达500年的时间才能在自然界中回归尘土。

环保纪念日

世界湿地日

湿地与森林、海洋并称全球三大生态系统，被誉为"地球之肾""天然水库"和"天然物种库"。为加强对湿地的保护和利用，1971年2月2日，来自18个国家的代表在伊朗南部海滨小城拉姆萨尔签署了《关于特别是作为水禽栖息地的国际重要湿地公约》。为了纪念这一创举，并提高公众的湿地保护意识，1996年湿地公约常务委员会第19次会议决定，从1997年起，将每年的2月2日定为世界湿地日。

• 节日起源

湿地是环境保护的重要领域，不同的国家和专家对湿地有不同的定义。比较通行的说法是指“长久或暂时性沼泽地、泥炭地或水域地带，或为淡水、半咸水、咸水体，包括低潮时不超过 6 米的水域”。由于在保持水源、抵御洪水、控制污染、调节气候、维护生物多样性等方面具有重要作用。我国科学家对湿地定义是：陆地上常年或季节性积水（水深 2 米以内，积水达 4 个月以上）和过湿的土地，并与其生长、栖息的生物种群，构成的生态系统。常见的自然湿地有：沼泽地、泥炭地、浅水湖泊、河滩、海岸滩涂和盐沼等。

湿地具有很强的调节地下水的功能，它可以有效地蓄水、抵抗洪峰；它能够净化污水，调节区域小气候；湿地还是水生动物、两栖动物、鸟类和其他野生生物的重要栖息地。湿地与森林、海洋并称为全球三大生态系统，孕育和丰富了全球的生物多样性，被人们比喻为“地球之肾”。

然而，由于人们开垦湿地或改变其用途，使得生态环境遭到了严重的破坏。如造成洪涝灾害加剧、干旱化趋势明显、生物多样性急剧减少等。

为了保护湿地，18 个国家于 1971 年 2 月 2 日在伊朗的拉姆萨尔签署了一个重

要的湿地公约——《关于特别是作为水禽栖息地的国际重要湿地公约》，也称作《拉姆萨尔公约》(简称《湿地公约》)。这个公约的主要作用是通过全球各国政府间的共同合作，以保护湿地及其生物多样性，特别是水禽和它赖以生存的环境。

1996年10月湿地公约第19次常委会决定将每年2月2日定为世界湿地日，每年确定一个主题。利用这一天，政府机构、组织和公民可以采取大大小小的行动来提高公众对湿地价值和效益的认识。

湿地公约委员会确定2008年世界湿地日的主题为“healthy wetland, healthy people”(健康的湿地，健康的人类)，目的是让更多的人关注拉姆萨尔湿地公约，了解保持湿地的健康对人类健康的正面影响。作为森林、海洋、湿地三大生态系统之一的湿地生态系统具有极高的生态效益，人类从湿地提供的食物、清洁的水源、药材等直接受益，而湿地管理不当造成的负面影响将直接危害人类健康，洪水、洪水过后的瘟疫、水污染等也可能让人类失去生命。

湿地公约

湿地公约(The Convention on Wetlands)是1971年在伊朗小城拉姆萨尔(Ramsar)签订的，故该公约又称拉姆萨尔公约。公约的全名是：《关于特别是作为水禽栖息地的国际重要湿地公约》。它是一个政府间公约，是湿地保护及其资源合理利用国家行动和国际合作框架。目前，有158个缔约方，共有1754个湿地列入国际重要湿地名录，总面积约1.61亿公顷。湿地在孕育和丰富地球生物多样性方面起着举足轻重的作用。据统计，全球40%的物种生活在淡水湿地中。

世界水日 >

世界水日(World Water Day)是人类在20世纪末确定的又一个节日。为满足人们日常生活、商业和农业对水资源的需求，联合国长期以来致力于解决因水资源需求上升而引起的全球性水危机。1977年召开的“联合国水事会议”，向全世界发出严正警告：水不久将成为一个深刻的社会危机，继石油危机之后的下一个危机便是水。1993年1月18日，第47届联合国大会做出决议，确定每年的3月22日为“世界水日”。

• 起源发展

为了唤起公众的水意识，建立一种更为全面的水资源可持续利用的体制和相应的运行机制，1993 年 1 月 18 日，第 47 届联合国大会根据联合国环境与发展大会制定的《21 世纪行动议程》中提出的建议，通过了第 193 号决议，确定自 1993 年起，将每年的 3 月 22 日定为“世界水日”，以推动对水资源进行综合性统筹规划和管理，加强水资源保护，解决日益严峻的缺水问题。同时，通过开展广泛的宣传教育活动，增强公众对开发和保护水资源的意识。让我们节约用水，不要让最后一滴水成为我们的眼泪！

• 九声警钟

1992 年 12 月 22 日，联合国大会的第 193 号决议设立了世界水日。在 2003 年 12 月 23 日的 58/217 号决议书，大会宣布从 2005 年 3 月 22 日的世界水日开始，2005 年至 2015 年为“生命之水”国际行动 10 年。

2006 年世界水日的主题是“水与文化”，联合国教科文组织日前公布《世界水资源开发报告》，面对全球水资源开发问题，敲响 9 声警钟。

第一声警钟：水资源管理、制度建设、基础设施建设不足

由于管理不善、资源匮乏、环境变化及基础设施投入不足，全球约有 1/5 人无法获得安全的饮用水。

第二声警钟：水质差导致生活贫困

2002 年，全球约有 310 万人死于腹泻和疟疾，其中近 90% 是不满 5 岁的儿童。

第三声警钟：大部分地区水质下降

淡水物种和生态系统多样性迅速衰退，退化速度快于陆地和海洋生态系统。

第四声警钟：90% 灾害与水有关

许多自然灾害都是土地使用不当造成的恶果。日益严重的东非旱灾就是一个沉痛的实例。

第五声警钟：农业用水供需紧张

这部分用水已经占到全球人类淡水消耗的近 70%。

第六声警钟：城市用水紧张

2030 年，城镇人口比例会增加到近 2/3，从而造成城市用水需求激增。

第七声警钟：水力资源开发不足

发展中国家有 20 多亿人得不到可靠能源，而水是创造能源重要资源。

第八声警钟：水资源浪费严重

世界许多地方有多达 30% 到 40% 甚至更多的水被白白浪费掉了。

第九声警钟：对水资源的投入滞后

用于水务部门的官方发展援助平均每年约为 30 亿美元，世界银行等金融机构还会提供 15 亿美元非减让性贷款，但只有 12% 的资金用在了最需要帮助的人身上，用于制定水资源政策、规划和方案的援助资金仅占 10%。

世界环境日 >

世界环境日为每年的6月5日，它的确立反映了世界各国人民对环境问题的认识和态度，表达了人类对美好环境的向往和追求。它是联合国促进全球环境意识、提高政府对环境问题的注意并采取行动的主要媒介之一。联合国环境规划署每年6月5日选择一个成员国举行“世界环境日”纪念活动，发表《环境现状的年度报告书》及表彰“全球500佳”，并根据当年的世界主要环境问题及环境热点，有针对性地制定每年的“世界环境日”主题。

• 节日缘起

1972年6月5日–16日，联合国在瑞典首都斯德哥尔摩召开了人类环境会议。这是人类历史上第一次在全世界范围内研究保护人类环境的会议，标志着人类环境意识的觉醒。出席会议的国家有113个，共1300多名代表。除了政府代表团外，还有民间的科学家、学者参加。会议讨论了当代世界的环境问题，制定了对策和措施。会前，联合国人类环境会议秘书长莫里斯·夫·斯特朗委托58个国家的152位科学界和知识界的知名人士组成了一个大型委员会，由雷内·杜博斯博士任专家顾问小组的组长，为大会起草了一份非正式报告——《只有一个地球》。这次会议提出了响遍世界的环境保护口号：只有一个地球！会议经过12天的讨论交流后，形成并公布了著名的《联合国人类环境会议宣言》(Declaration of United Nations Conference on Human Environment)，简称《人类环境宣言》）和具有109条建议的保护全球环境的“行动计划”，呼吁各国政府和人民为维护和改善人类环境，造福全体人民，造福子孙后代而共同努力。

《人类环境宣言》提出7个共同观点和26项共同原则，引导和鼓励全世界人民保护和改善人类环境。《人类环境宣言》规定了人类对环境的权利和义务）；呼吁“为了这一代和将来的世世代代而保护和改善环境，已经成为人类一个紧迫的目标”；“这个目标将同争取和平和全世界的经济与社会发展这两个既定的基本目标共同和协调地实现”；“各国政府和人民为维护和改善人类环境，造福全体人民和后代而努力”。会议提出建议将这次大会的开幕日这一天作为“世界环境日”。

1972年10月，第27届联合国大会通过了联合国人类环境会议的建议，规定每年的6月5日为“世界环境日”，让世界各国人民永远纪念它。联合国系统和各国政府要在每年的这一天开展各种活动，提醒全世界注意全球环境状况和人类活动对环境的危害，强调保护和改善人类环境的重要性。

• 十大环境问题

当前，威胁人类生存的十大环境问题是：

（一）全球气候变暖

由于人口的增加和人类生产活动的规模越来越大，向大气释放的二氧化碳（CO_2）、甲烷（CH_4）、一氧化二氮（N_2O）、氯氟碳化合物（CFC）、四氯化碳（CCl_4）、一氧化碳（CO）等温室气体不断增加，导致大气的组成发生变化。大气质量受到影响，气候有逐渐变暖的趋势。由于全球气候变暖，将会对全球产生各种不同的影响，较高的温度可使极地冰川融化，海平面每10年将升高6厘米，因而将使一些海岸地区被淹没。全球变暖也可能影响到降雨和大气环流的变化，使气候反常，易造成旱涝灾害，这些都可能导致生态系统发生变化和破坏，全球气候变化将对人类生活产生一系列重大影响。

（二）臭氧层的耗损与破坏

在离地球表面10～50千米的大气平流层中集中了地球上90%的臭氧气体，在离地面25千米处臭氧浓度最大，形成了厚度约为3毫米的臭氧集中层，称为臭氧层。它能吸收太阳的紫外线，以保护地球上的生命免遭过量紫外线的伤害，并将能量贮存在上层大气，起到调节气候的作用。但臭氧层是一个很脆弱的大气层，如果进入一些破坏臭氧的气体，它们就会和臭氧发生化学作用，臭氧层就会遭到破坏。

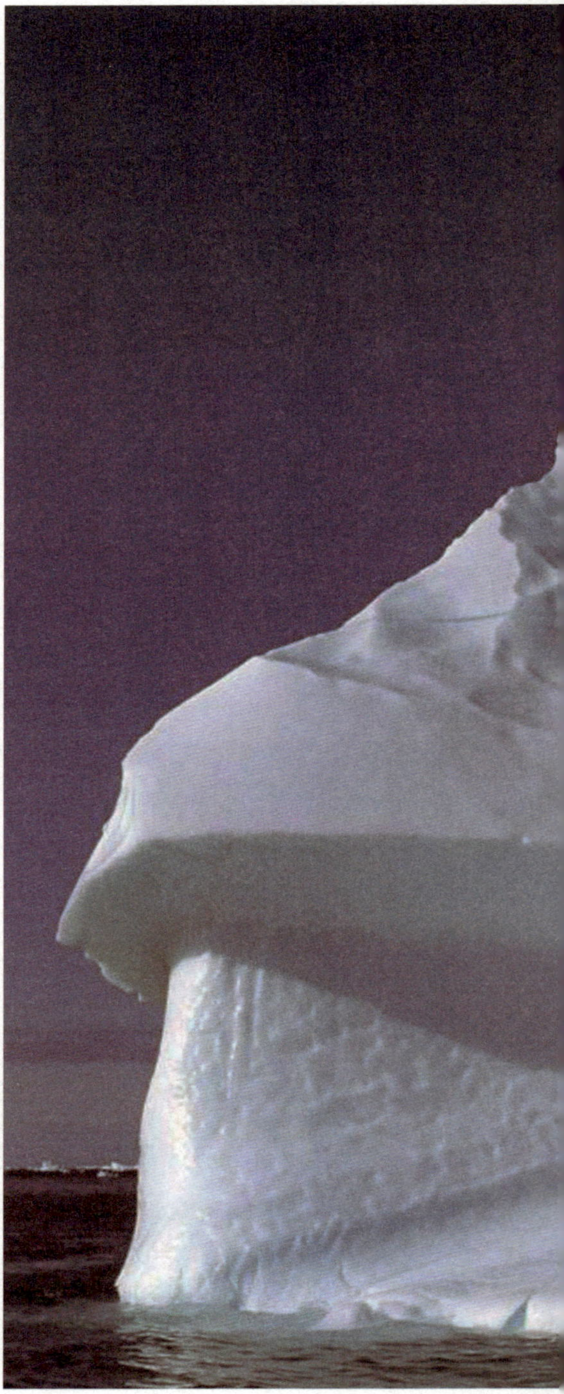

臭氧层被破坏，将使地面受到紫外线辐射的强度增加，给地球上的生命带来很大的危害。研究表明，紫外线辐射能破坏生物蛋白质和基因物质脱氧核糖核酸，造成细胞死亡；使人类皮肤癌发病率增高；伤害眼睛，导致白内障而使眼睛失明；抑制植物如大豆、瓜类、蔬菜等的生长，并穿透10米深的水层，杀死浮游生物和微生物，从而危及水中生物的食物链和自由氧的来源，影响生态平衡和水体的自净能力。

（三）生物多样性减少

《生物多样性公约》指出，生物多样性“是指所有来源的形形色色的生物体，这些来源包括陆地、海洋和其他水生生态系统及其所构成的生态综合体；它包括物种内部、物种之间和生态系统的多样性。”在漫长的生物进化过程中会产生一些新的物种，同时，随着生态环境条件的变化，也会使一些物种消失。所以说，生物多样性是在不断变化的。近百年来，由于人口的急剧增加和人类对资源的不合理开发，加之环境污染等原因，地球上的各种生物及其生态系统受到了极大的冲击，生物多样性也受到了很大的损害。有关学者估计，世界上每年至少有5万种生物物种灭绝，平均每天灭绝的物种达140个，估计到21世纪初，全世界野生生物的损失可达其总数的15%～30%。在中国，由于人口增长和经济发展的压力，对生物资源的不合理利用和破坏，生物多样性所遭受的损失也非常严重，大约有200个物种已经

灭绝；估计约有 5000 种植物在近年内已处于濒危状态，这些约占中国高等植物总数的 20%；大约还有 398 种脊椎动物也处在濒危状态，约占中国脊椎动物总数的 7.7% 左右。因此，保护和拯救生物多样性以及这些生物赖以生存的生活条件，同样是摆在我们面前的重要任务。

（四）酸雨蔓延

酸雨是指大气降水中酸碱度（PH 值）低于 5.6 的雨、雪或其他形式的降水。这是大气污染的一种表现。酸雨对人类环境的影响是多方面的。酸雨降落到河流、湖泊中，会妨碍水中鱼、虾的成长，以致鱼虾减少或绝迹；酸雨还导致土壤酸化，破坏土壤的营养，使土壤贫瘠化，危害植物的生长，造成作物减产，危害森林的生长。此外，酸雨还腐蚀建筑材料，有关资料说明，十几年来，酸雨地区的一些古迹特别是石刻、石雕或铜塑像的损坏超过以往百年以上，甚至千年以上。世界目前已有三大酸雨区。我国华南酸雨区是唯一尚未治理的。

（五）森林锐减

在今天的地球上，我们的绿色屏障——森林正以平均每年 4000 平方千米的速度消失。森林的减少使其涵养水源的功能受到破坏，造成了物种的减少和水土流失，对二氧化碳的吸收减少进而又加剧了温室效应。

（六）土地荒漠化

全球陆地面积占 60%，其中沙漠和沙漠化面积 29%。每年有 600 万公顷的土地变成沙漠。经济损失每年 423 亿美元。全球共有干旱、半干旱土地 50 亿公

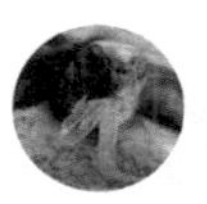

顷，其中33亿遭到荒漠化威胁，致使每年有600万公顷的农田、900万公顷的牧区失去生产力。人类文明的摇篮底格里斯河、幼发拉底河流域，已由沃土变成荒漠。中国的黄河流域，水土流失亦十分严重。

（七）大气污染

大气污染的主要因子为悬浮颗粒物、一氧化碳、臭氧、二氧化碳、氮氧化物、铅等。大气污染导致每年有30~70万人因烟尘污染提前死亡，2500万的儿童患慢性喉炎，400~700万的农村妇女儿童受害。

（八）水污染

水是我们日常最需要，也是接触最多的物质之一，然而就是水如今也成了危险品。

（九）海洋污染

人类活动使近海区的氮和磷增加50%~200%；过量营养物导致沿海藻类大量生长。

波罗的海、北海、黑海、东中国海（东海）等出现赤潮。海洋污染导致赤潮频繁发生，破坏了红树林、珊瑚礁、海草，使近海鱼虾锐减，渔业损失惨重。

（十）危险性废物越境转移

危险性废物是指除放射性废物以外，具有化学活性或毒性、爆炸性、腐蚀性和其他对人类生存环境存在具有害特性的废物。美国在资源保护与回收法中规定，所谓危险废物是指一种固体废物和几种固体的混合物，因其数量和浓度较高，可能造成或导致人类死亡，或引起严重的难以治愈疾病或致残的废物。

世界防治荒漠化和干旱日 >

世界防治荒漠化和干旱日（World Day to Combat Desertification），1994年12月19日第49届联合国大会根据联大第二委员会（经济和财政）的建议，通过了49/115号决议，从 1995年起把每年的6月17日定为“世界防治荒漠化和干旱日”，旨在进一步提高世界各国人民对防治荒漠化重要性的认识，唤起人们防治荒漠化的责任心和紧迫感。

• 节日来历

1977 年联合国荒漠化会议正式提出了土地荒漠化这个世界上最严重的环境问题。1992 年 6 月，100 多个国家元首和政府首脑与会、170 多个国家派代表参加的巴西里约环境与发展大会上，荒漠化被列为国际社会优先采取行动的领域。之后，联合国通过了 47/188 号决议，成立了《联合国关于在发生严重干旱和 / 或荒漠化的国家特别是在非洲防治荒漠的公约》政府间谈判委员会。公约谈判从 1993 年 5 月开始，历经 5 次谈判，于 1994 年 6 月 17

日完成。“6·17”即为国际社会对防治荒漠化公约达成共识的日子。在1994年10月14日至15日于巴黎举行的公约签字仪式上，时任林业部副部长祝光耀代表我国政府签署了公约。为了有效地提高世界各地公众对执行与自己和后代密切相关的“防治荒漠化公约”重要性的认识，加强国际联合防治荒漠化行动，迎合国际社会对执行公约及其附件的强烈愿望，以及纪念国际社会达成防治荒漠化公约共识的日子。

• 特大干旱

20世纪60年代末至70年代初，西部非洲特大干旱加快了这一地区的土壤荒漠化进程。1968—1974年的干旱期曾造成非洲撒哈拉地区（布基纳法索、尼日尔和塞内加尔）的特大干旱，夺走了20万人和数百万头牲口的生命。这场旱灾持续时间之长、破坏之大，令世界震惊。它产生的长期经济、社会、政治、环境的影响，引起了人们对荒漠化问题的极大关注。为此，联合国在1975年以3337号决议提出“向荒漠化进行斗争”的口号，并于1977年8月29日至9月9日在肯尼亚首都内罗毕召开荒漠化问题会议，产生了一项全球共同行动的综合的和协调一致的方案；制定了防治荒漠化的行动计划；数十亿美元投入了治沙行动，各种抗旱防荒漠化的行动计划随之产生。

世界保护臭氧层日 >

国际保护臭氧层日为每年的9月16日。1995年1月23日，联合国大会通过决议，确定从1995年开始，每年的9月16日为“国际保护臭氧层日”。联合国大会确立“国际保护臭氧层日”的目的是纪念1987年9月16日签署的《关于消耗臭氧层物质的蒙特利尔议定书》，要求所有缔约的国家根据议定书及其修正案的目标，采取具体行动纪念这一特殊日子。

世界动物日 >

每年的10月4日为世界动物日。世界动物日源自12世纪意大利修道士圣·弗朗西斯的倡议。他长期生活在阿西西岛上的森林中，与动物建立了“兄弟姐妹”般的关系。他要求村民们在10月4日这天“向献爱心给人类的动物们致谢”。弗朗西斯为人类与动物建立正常文明的关系作出了榜样。后人为了纪念他，把10月4日定为世界动物日，并自20世纪20年代开始，每年的这一天在世界各地举办各种形式的纪念活动。

国际生物多样性日 >

生物多样性是地球上生命经过几十亿年发展进化的结果，是人类赖以生存的物质基础。1992年在巴西当时的首都里约热内卢召开的联合国环境与发展大会上，153个国家签署了《保护生物多样性公约》。1994年12月，联合国大会通过决议，将每年的12月29日定为“国际生物多样性日”，以提高人们对保护生物多样性重要性的认识。2001年将每年12月29日改为5月22日。

中国植树节 >

中国植树节定于每年的3月12日，是中国为激发人们爱林、造林的热情，促进国土绿化，保护人类赖以生存的生态环境，通过立法确定的节日。在该日，全国各地政府、机关、学校、公司会响应造林的号召，集中举行植树节仪式，从事植树活动。中国曾于1915年规定清明节为植树节，而后在1928年将植树节改为孙中山逝世的3月12日，以纪念革命先驱的植树造林愿望。这一设定被中国大陆和中国台湾沿用至今。此外，一些省市还根据当地的气候规律，规定了其他植树日、植树周、植树月。

• 节日徽标

中国植树节是以促进国土绿化，保护人类生态环境而设立的节日。与其他庆祝性质的节日不同，植树节需要各机关、单位高效地组织进行相关活动，方能更好地达到植树节设立的初衷。1984 年 2 月，全国绿化委员会第三次会议通过了现行的中国植树节标志，以提高中国植树节的影响力和号召力，方便民众有组织地参与绿化活动。

节徽图案中的树，示意我国公民人人植树 3 至 5 棵，人人动手，绿化祖国大地。镌刻的“中国植树节”和“3・12”字样，既让人们牢记植树节的日子，又寓含中国人民年年植树，造福人类的坚忍不拔决心。3 棵针叶树和 2 棵阔叶树会意为“森林”。围绕着森林的外圈，代表以森林为主体的自然生态体系的良性循环。

• 发展历程

中国古代没有由国家以法律形式明文规定植树节日，但是中国人从古到今历来重视植树造林。《礼记》有言：“孟春之月，盛德在木。”早在五帝时代，舜便设立了九官之一的“虞官”，处理全国的林业事务。

清明节是中国古代重要的植树时间。清明前后，春阳照临，春雨飞洒，种植树苗成活率高，成长快。因此，中国自古以来就有清明植树的习俗。

古代的统治者曾多次下达植树的命令。秦始皇统一中国后，便下令在道旁植树作荫蔽之用。公元 605 年，隋炀帝下令开河挖渠，诏令民间种植柳树，每种活 1 棵，就赏细绢 1 匹。宋太祖则根据植树多少把百姓分成五等，并下令凡是垦荒植桑

枣者，不缴田租；对率领百姓植树有功的官吏，可晋升一级。元朝建立后，元世祖颁布《农桑之制》十四条，规定每名男子每年要种桑、枣 20 株，或根据土地情况栽种榆、柳等代替。同时严饬各级官吏督促实施，如失职或审报不实，按律治罪。

明清时代，植树规模有更大发展。明太祖朱元璋在推行一系列振兴社会经济文化措施中，就有植树造林一项。“凡农民田五亩至十亩者，栽桑麻木棉半亩，十亩以上者倍之”，对利用空地植树的实行免税，而对不完成植树任务者惩罚，对砍伐树木者治罪。清朝前期，也要求地方官员劝谕百姓植树，禁止非时采伐和牛羊践踏及盗窃之害。鸦片战争后，一批有识之士提倡维新，光绪皇帝曾诏谕发展农林事业，兴办农林教育。

孙中山是中国近代史上最早意识到森林的重要意义和倡导植树造林的人。1894 年，他在《上李鸿章书》中就强调“急兴农学，讲究树艺”。1915 年，在孙中山的倡议下，农商部呈准大总统，以每年清明节（每年 4 月 5 日前后）为植树节，全国各级政府、机关、学校指定地点、选择树种举行植树节典礼，并从事植树活动。该决议于同年 7 月 21 日获批准，正式在全国范围内执行。自此，中国正式有了自己的植树节日。

1928 年 4 月 7 日，民国政府通令全国：“嗣后旧历清明植树节应改为总理逝世纪念植树式。”1929 年 2 月，农矿部为遵照孙中山先生遗训，积极提倡造林，

于1930年2月呈准行政院，规定自3月9日至15日一周间为“造林运动宣传周”，并于12日孙中山先生逝世纪念日举行植树式。北方地区则出于3月初旬寒气未消，不适于栽树的缘故，将造林宣传运动周延至清明节左右。而后，行政院院会通过了《植树节举行造林运动办法》，通令全国实施。

新中国成立后，政府逐渐加深了对植树造林重要性的理解。1979年2月23日，五届全国人大常委会第六次会议根据林业总局的提议，通过了将3月12日定为中国植树节的决议，这项决议的意义在于动员全国各族人民积极植树造林，加快绿化祖国和各项林业建设的步伐。将孙中山先生与世长辞之日定为中国植树节，也是为了缅怀孙中山先生的丰功伟绩，象征中山先生的遗愿将在新中国实现并且要实现得更好。

1981年12月13日，五届全国人大四次会议审议通过了《关于开展全民义务植树运动的决议》。决议指出，凡是条件具备的地方，年满11岁的中华人民共和国公民，除老弱病残者外，因地制宜，每人每年义务植树3棵至5棵，或者完成相应劳动量的育苗、管护和其他绿化任务。决议号召全国各族人民“人人动手，每年植树，愚公移山，坚持不懈”。1982年的植树节，国务院颁布了《关于开展全民义务植树运动的实施办法》。邓小平率先垂范，在北京玉泉山上种下了义务植树运动的第一棵树。

世界地球日 >

世界地球日(World Earth Day)在每年的4月22日，是一项世界性的环境保护活动。该活动最初在1970年的美国由盖洛德·尼尔森和丹尼斯·海斯发起，随后影响越来越大。活动旨在唤起人类爱护地球、保护家园的意识，促进资源开发与环境保护的协调发展，进而改善地球的整体环境。中国从20世纪90年代起，每年都会在4月22日举办世界地球日活动。

• 发展历程

最初地球日选择在春分节气，这一天在全世界的任何一个角落昼夜时长均相等，阳光可以同时照耀在南极点和北极点上，这代表了世界的平等，同时也象征着人类要抛开彼此间的争议和不同，和谐共存。传统上在很多国家都有庆祝春分节气的传统。

1969 年美国民主党参议员盖洛德·尼尔森在美国各大学举行演讲会，筹划在次年的 4 月 22 日组织以反对越战为主题的校园运动，但是在 1969 年西雅图召开的筹备会议上，活动的组织者之一，哈佛大学法学院学生丹尼斯 · 海斯提出将运动定位于全美国的，以环境保护为主题的草根运动。

1969 年盖洛德 · 尼尔森提议，在全国各大学校园内举办环保问题讲演会，海斯听到这个建议后，就设想在剑桥市举办一次环保的演讲会。于是，他前往首都华盛顿去会见了尼尔森。年轻的海斯谈了自己的设想，尼尔森喜出望外，立即表示愿意任用海斯，甚至鼓动他暂时停止学业，专心从事环保运动。于是，海斯毅然办理了停学手续。不久，他就把尼尔森的构想扩大，办起了一个在美国各地展开的大规模的社区性活动。

他选定 1970 年 4 月 22 日(星期三) 为第一个“地球日”。就在那年的 4 月 22 日，美国各地大约有 2000 万人参加了游

行示威和演讲会。

美国的 1970 年正是个多事之秋，光纤织物被发明了出来，“阿波罗 13 号”的悲剧导致登月计划的失败，在南卡罗来纳州萨瓦那河附近一家核工厂发生泄漏事故，当时的美国人，终日呼吸着豪华轿车的含铅尾气。工厂肆无忌惮地排放着浓烟和污水，却从不担心会被起诉或者是受到舆论的谴责。“环保人士”凤毛麟角，他们只是列在字典里的单词，却很少能够被人重视。正是在这样的背景下，首次“地球日”取得了极大的成功。鉴于公众对环境保护的关心，美国国会在“地球日”这一天休会，近 40 名参众议员分别在当地集会上讲话。伦特·杜贝斯、保罗·埃利希以及拉尔夫·纳德等美国的名流发表了演讲，阐明集会的重要意义。25 万人聚集在华盛顿特区，10 万人向纽约市第五大街进军，支持这次活动。

据统计，这一天全美有 2000 多万人、1 万所中小学、2000 所高等院校和 2000 个社区以及各大团体参加了“地球日”活动。人们举行集会、游行和其他多种形式的宣传活动，高举着受污染的地球模型、巨幅画和图表，高呼口号，要求政府采取措施保护环境。1970 年的首次“地球日”活动声势浩大，被誉为二战以来美国规模最大的社会活动。这次活动标志着美国环保运动的崛起，并促使美国政府采取了一些治理环境污染的措施。

• 活动意义

1970 年 4 月 22 日的“地球日”活动，是人类有史以来第一次规模宏大的群众性环境保护运动。作为人类现代环保运动的开端，它推动了西方国家环境法规的建立。如美国就相继出台了清洁空气法、清洁水法和濒危动物保护法等法规；1970 年的地球日还促成了美国国家环保局的成立，并在一定程度上促成了 1972 年联合国第一次人类环境会议在斯德哥尔摩的召开，有力地推动了世界环境保护事业的发展。1973 年联合国环境规划署的成立，国际性环境组织——绿色和平组织的创建，以及保护环境的政府机构和组织在世界范围内的不断增加，“地球日”都起了重要的作用。因此，“地球日”也就成为了全球性的活动。现在人们普遍认为 1970 年 4 月 22 日在美国举行的第一届地球日活动是世界上最早的大规模群众性环境保护运动，这次运动催化了人类现代环境保护运动的发展，促进了已开发国家环境保护立法的进程，并且直接催生了 1972 年联合国第一次人类环境会议。而 1970 年活动的组织者丹尼斯·海斯也被人们称为地球日之父。

这次运动的成功使得在每年 4 月 22 日组织环保活动成为一种惯例，在美国地球日这个名号也随之从春分日移动到了 4 月 22 日，地球日的主题也转而更加趋向于环境保护。

重要人物"地球日之父"

丹尼斯·海斯，生长在美国华盛顿州环境幽美的哥伦比亚河峡谷，他从小养成爱好大自然的个性。到了大学时代，他虽然读的是法律，却始终没有放弃对环境问题的关心。

第一个"地球日"活动之后，被称为"地球日之父"的海斯先后到史密森尼恩研究所和伊利诺州政府任职，研究制定有关能源方面的政策。以后又得到美国当时的能源部长施莱辛格的赞赏，担任了由能源部经办的太阳能研究所的所长。海斯一直从事环保活动，1990 年，他同朋友们一起讨论筹办纪念地球日 20 周年的活动。他的倡议很快得到了世界上大多数国家和联合国的支持。

鉴于丹尼斯·海斯在环保事业中所做出的重大贡献，他曾荣获 Sierra Club、联邦野生动物协会、美国慈善协会、美国太阳能协会、远离战争组织和 Interfaith Center for Corporate Responsibility 的最高荣誉奖项。丹尼斯·海斯还荣获了 1978 年度，35 岁以下杰弗逊最佳社会服务奖，还曾被形象杂志（Look Magazine）评为 20 世纪 100 个最具影响力的美国人之一，并被国家奥杜邦协会评为 100 个最杰出的环保人士之一。在 2000 年又被著名的时代周刊（Time Magazine）提名为 100 个"地球英雄"之一。

世界气象日 〉

“世界气象日（World Meteorological Day）”又称“国际气象日”，是世界气象组织成立的纪念日，时间在每年的3月23日。世界气象组织为了纪念世界气象组织的成立和《国际气象组织公约》生效日（1950年3月23日）而设立的。每年的“世界气象日”都确定一个主题，要求各成员国在这一天举行庆祝活动，并广泛宣传气象工作的重要作用。

世界森林日 >

“世界森林日”，又被译为“世界林业节”，英文是 “World Forest Day” 。这个纪念日始于1971年，在欧洲农业联盟的特内里弗岛大会上，由西班牙提出倡议并得到一致通过。同年11月，联合国粮农组织（FAO）正式予以确认。

1972年3月21日为首个“世界森林日”。有的国家把这一天定为植树节；有的国家根据本国的特定环境和需求，确定了自己的植树节；中国的植树节是3月12日。而今，除了植树，“世界森林日”广泛关注森林与民生的更深层次的本质问题。

图书在版编目（CIP）数据

环保大揭秘／魏星编著．—长春：北方妇女儿童出版社，2015.12（2021.3重印）

（科学奥妙无穷）

ISBN 978-7-5385-9627-4

Ⅰ．①环…　Ⅱ．①魏…　Ⅲ．①环境保护-青少年读物　Ⅳ．①X-49

中国版本图书馆 CIP 数据核字（2015）第 272890 号

环保大揭秘

HUANBAO DAJIEMI

出 版 人　刘　刚
责任编辑　王天明　鲁　娜
开　　本　700mm×1000mm　1/16
印　　张　8
字　　数　160 千字
版　　次　2016 年 4 月第 1 版
印　　次　2021 年 3 月第 3 次印刷
印　　刷　汇昌印刷（天津）有限公司
出　　版　北方妇女儿童出版社
发　　行　北方妇女儿童出版社
地　　址　长春市人民大街 5788 号
电　　话　总编办：0431-81629600

定　　价：29.80 元